油气田最佳节能实践

YOUQITIAN
ZUIJIA JIENENG SHIJIAN

主　编　赵邦六

副主编　黄山红　　　马建国

成　员　陈由旺　　　魏江东　　　解红军

　　　　王林平　　　夏　玮　　　徐　源

　　　　薛国锋　　　林　冉　　　宋　涛

　　　　朱英如　　　程星萍　　　张　余

　　　　何中凯　　　陈　燕　　　陈　勇

　　　　关天势　　　吕莉莉　　　梁月玖

　　　　陈衍飞　　　王　东　　　陈立达

四川大学出版社

项目策划：胡晓燕
责任编辑：胡晓燕
责任校对：王　锋
封面设计：墨创文化
责任印制：王　炜

图书在版编目（CIP）数据

油气田最佳节能实践 / 赵邦六主编 . — 成都 ：四
川大学出版社，2020.12
　ISBN 978-7-5690-4005-0

　Ⅰ．①油… Ⅱ．①赵… Ⅲ．①油气田节能 Ⅳ.
① TE43

　中国版本图书馆 CIP 数据核字（2020）第 245297 号

书名　油气田最佳节能实践

主　　编	赵邦六
出　　版	四川大学出版社
地　　址	成都市一环路南一段 24 号（610065）
发　　行	四川大学出版社
书　　号	ISBN 978-7-5690-4005-0
印前制作	四川胜翔数码印务设计有限公司
印　　刷	郫县犀浦印刷厂
成品尺寸	170mm×240mm
印　　张	13
字　　数	247 千字
版　　次	2020 年 12 月第 1 版
印　　次	2020 年 12 月第 1 次印刷
定　　价	65.00 元

◆ 读者邮购本书，请与本社发行科联系。
　电话：(028)85408408/(028)85401670/
　(028)86408023　邮政编码：610065
◆ 本社图书如有印装质量问题，请寄回出版社调换。
◆ 网址：http://press.scu.edu.cn

四川大学出版社
微信公众号

内容简介

　　本书介绍了"十三五"期间中国石油天然气集团有限公司国内上游业务在面临油价长期低位徘徊、节能减排形势日趋严峻和油气田节能难度增大情况下的生产、建设和节能现状，总结了节能统计、节能监测、节能评估、能源管控、能效对标以及能耗定额等方面的工作进展和节能管理实践经验，筛选了具有良好应用效果和应用前景的节能技术实践案例，供油气田企业节能管理人员和技术人员参考。

前　言

中国石油天然气集团有限公司（简称中国石油集团公司）国内上游业务是中国石油集团公司的产能主体和盈利支柱，但也是耗能大户，其能源消耗量占中国石油集团公司能源消耗量的 40% 左右。随着国家兑现世界节能减排承诺以及绿色发展的客观要求，中国石油集团公司国内上游业务面临严峻而复杂的节能减排形势：一是节能减排作为中央企业的社会责任和业绩考核硬指标，任务压力巨大；二是客观上油气田用能存在点多、面广、分散的难题，随着生产规模的不断扩大，以及开发过程的自然递减和品位降低，油气田能耗总量和生产单耗的控制难度越来越大。如何做好油气田节能提效工作，是摆在负责中国石油集团公司国内上游业务的勘探与生产分公司面前的重要课题和艰巨任务。

在充分调研和分析历史数据的基础上，勘探与生产分公司转变了工作理念，强化了源头能源管控，完善了制度机制，设立了示范工程，树立了标杆旗帜，加强了节能管理制度建设，并按照国家和中国石油集团公司的要求，配套细化了节能统计、节能监测、节能评估、能源管控等管理文件，加强了节能考核和指标监控，落实了节能目标责任；严格落实了国家和中国石油集团公司对能评工作的要求，积极推进了节能评估，发布了配套标准，规范了能评文件编制、审查、验收、监督各环节的职责、流程、工作和要求，并组织开展了节能评估 300 余项；完善了节能监测的制度、标准，研发了智能监测工具和技术，加强了节能监测机构能力建设，已有 10 家监测机构获得国家认证；注重能源数据的科学性分析，加大了主要耗能设备监测比例，构建了能效大数据管理分析平台，强化了监测数据的分析与利用，发挥了节能监测的监督作用。

同时，勘探与生产分公司进一步加强了对生产用能的过程管理：一是稳步推进能源管控中心建设，制定发布了相关的标准、技术要求，先后启动 14 个能源管控试点建设，助推油气田能源管理模式转变；二是不断推进油气田纵向及横向对标实践，建立了油气田能效对标方法，形成了油气田能效指标分析工作机制，解决了油气田油藏类型多、指标可比性差等瓶颈问题，筛选推广机采系统 32 项、集输系统 25 项、注水系统 19 项、热力系统 22 项最佳节能实践。

通过一系列节能措施的实施，中国石油集团公司国内上游业务在稳油增气的情况下，生产单耗持续下降，能耗增量得到有效控制。

基于对"十三五"期间勘探与生产分公司节能工作的回顾和展望，我们组织编写了本书。本书分为五章：

第一章简述了2015—2019年中国石油集团公司国内上游业务的生产、建设和节能现状。

第二章系统介绍了油田、气田主要地面工艺和用能环节。

第三章总结了油气田主要节能管理实践的相关经验，包括节能统计、节能监测、节能评估、能源管控、能效对标以及能耗定额等内容。

第四章筛选了油气田具有良好应用效果和应用前景的节能技术实践案例，共计45个。

第五章阐述了未来的节能发展形势和油气田领域重点节能技术的发展方向。

本书针对油气田节能领域具有较高的技术性和系统性，选材先进、实用性强，适合作为油气田企业各层级管理人员和工程技术人员的参考用书，也可作为油气田节能工作培训教材。

本书主要工作观点来自中国石油勘探与生产分公司近10年来的管理成就与技术实践。全书由赵邦六统筹审定，黄山红、马建国联合编校，在撰写过程中汇集了业内诸多企业的优秀人才参与，特别是中国石油规划总院（解红军、陈由旺、魏江东、徐源、林冉、朱英如、吕莉莉、梁月玖、陈衍飞）提供了多年的技术研究，浙江油田（夏玮）、长庆油田（王林平）、大庆油田（宋涛）、华北油田（程星萍）、辽河油田（关天势、王东、陈立达）、塔里木油田（何中凯）、吉林油田（薛国锋）、玉门油田（陈勇）、西南油气田（张余、陈燕）提供了最佳实践案例并参与撰写，在此一并表示感谢。

由于油气田节能实践覆盖面较广，书中不妥之处恐难避免，望广大读者批评指正。

编　者
2020年10月

目　录

第一章 概　述

中国石油集团公司是国内最大的油气生产企业，1999 年至 2019 年，累计生产原油 21 亿吨。勘探开发业务是中国石油集团公司的生存之本、发展之基、效益之源，优先发展勘探开发业务，加快发展天然气业务，是中国石油集团公司主营业务发展的明确定位。

近年来，勘探与生产分公司和各油气田企业认真贯彻落实习近平总书记重要指示精神，按照中国石油集团公司党组决策部署，集中抓好油气勘探开发，大力推进科技创新，不断强化改革管理，取得了显著业绩，迈出了高质量发展的坚实步伐，为中国石油集团公司巩固国内油气主导地位、建设世界一流综合性国际能源公司作出了突出贡献。

与此同时，油气田经过多年开发，已呈现含水大幅上升、原油产量递减的趋势，地面生产系统出现了工艺流程不适应、负荷不平衡、能耗高、操作成本难以控制等问题。针对上述问题，勘探与生产分公司坚持低成本战略，加强节能管理和技术应用，"十三五"期间，有效控制了能耗增长，完成了国家节能减排任务。

第一节　油气田生产现状

油气勘探是利用各种勘探手段了解地下地质状况，确定油气聚集的有利地区，探明油气田面积，搞清油气层情况和产出能力的过程，是油气开采的基础。油气开发在认识油藏的基础上，确定有效的驱油机制及驱动方式，预测未来动态，提出改善开发效果的方法和技术，以达到提高采收率的目的。油气田地面生产包括油气水的收集、计量、处理、产品外输以及采出水处理、回注、回用、达标外排的全过程，是油气田开发的重要组成部分，起到实现产能建设目标、体现开发技术水平、达标生产油气产品、实现采出水回注及达标排放的作用。

一、勘探开发现状

中国石油集团公司各油气田经过多年的勘探开发，总体的石油勘探程度较高，资源探明率达44%，其中松辽70%、渤海湾陆上53%、鄂尔多斯50%。"十三五"以来，油气勘探成果丰硕、整体形势良好，取得22项发现和突破，形成了23项规模增储区，为高效勘探和推进勘探大突破、大发现提供了强有力的支撑。此外，勘探与生产分公司高度重视油藏评价、开发基础研究、重大开发试验、提高采收率、新技术的推广与应用、开发水平和效益双提升及开发管理制度建设与创新等工作，形成了一系列先进的开发管理模式和管理制度，为规模效益开发提供了重要保障，工程技术管理水平也得到不断提升，工程技术取得明显进步，对勘探大突破、大发现及难动用储量、特殊油气藏的高效开发起到了重要保障作用。

但从总体来看，三大盆地已进入中高勘探阶段，塔里木盆地石油勘探深度已突破8000 m，长庆油田主力产油层渗透率已下降到小于0.5 mD。新发现油气藏规模逐渐变小，山地、沙漠、戈壁、滩海等恶劣的环境成为新常态，高陡构造、小断块、低丰度低产岩性、特殊岩性体成为勘探增储重点。新增油气储量品质持续变差，新增储量以低渗—特低渗透为主，优质资源占比低。新增储量变差导致近年来原油探明储量动用率持续走低。

随着大部分油田进入开采后期，老油田稳产难度大，已开发油田综合含水达89%以上，可采储量采出程度为78%，即将进入"双特高期"开发阶段，老井产量自然递减率和综合递减率不断上升，单井日产量不断下降，多井低产矛盾日益突出。新区块新建产能资源品质逐年变差，低渗透储量占比上升到80%以上，动用储量转化产能效率下降，原油采收率呈现逐年走低的趋势。

非常规油气勘探开发仍面临成本高、效益差等挑战，缺乏足够先进适用的关键技术推动规模效益开发。近五年来，勘探与生产分公司非常规油气尤其是页岩油气勘探开发不断提速，已取得了一系列突破性进展，川南地区页岩气实现了规模增储上产，庆城油田的发现让我们在向生油岩进军的路上取得了重大进展，塔里木、准噶尔等盆地也都取得了一系列重大发现。但在非常规油气勘探开发地质理论、开发技术与工程装备研发上，我们仍面临诸多挑战：一是非常规油气储层非均质性强；二是单井产量低，深井钻井完井难度大，压裂技术不成熟；三是采收率较低，开采方式、能量补充亟待优化。陆相页岩油开采存在有机质成熟度低、流体黏度高、驱动能力不足等难题。天然气新建产能致密气和页岩气占比高，新投产井产量低、递减快，导致近年来天然气新投产井井均日产量逐年降低。

二、地面建设现状

勘探与生产分公司所辖 16 家油气田公司（大庆、吉林、辽河、华北、大港、冀东、新疆、吐哈、塔里木、长庆、青海、玉门、西南、浙江、南方、煤层气）现有各类油气水井 36.7 万口，各类管道 33.9 万千米，各类站场 1.6 万座，形成了规模庞大、功能齐全的油气田地面生产系统。

（一）生产井

截至 2019 年，各油田共拥有采油井 22 万余口，注水井近 9 万口，各气田拥有采气井 3 万余口；2015—2019 年，采油井数年均增长 2.3%，注水井数年均增长 2.3%，采气井数年均增长 10%。2015 年以来，各年度采油井数、注水井数、采气井数如图 1—1 所示。

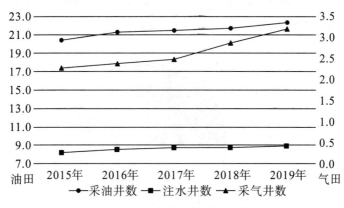

图 1—1 2015—2019 年生产井数量变化图（万口）

采油井以抽油机井为主，数量占比为 87%，以大庆及长庆应用得最多；提捞井主要分布在大庆及辽河。各类采油井数量占比情况如图 1—2 所示。

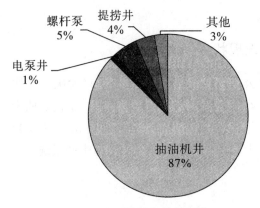

图 1-2　各类采油井数量占比情况

油井开发方式以水驱为主，数量占比为 74%，以大庆及长庆应用得最多；蒸汽驱数量占比为 13%，主要应用于新疆及辽河稠油开发；化学驱主要包括聚驱、二元驱及三元驱，数量占比为 9%，主要应用于大庆。不同开发方式采油井数量占比情况如图 1-3 所示。

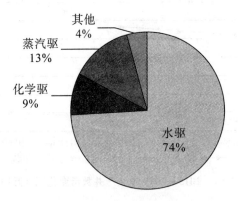

图 1-3　不同开发方式采油井数量占比情况

（二）站场

油田共有油气水站场 1.4 万余座，主要包括计量站、联合站、转油站、注水站、污水处理站等。近年来，油田计量站数量不断增加，主要是由于油田生产规模不断扩大，新建产能不断增加；而转油站和联合站数量不断减少，主要是由于对老油田站场实施优化核减和"关停并转"，以提高站场负荷率，降低生产成本和运行能耗。

气田共有各类站场 0.2 万座，主要包括集气站、增压站、处理厂等。近年

来，气田集气站数量快速增加，主要是由于气田处于上产阶段，新建产能不断
增加；而增压站数量大幅减少，主要是由于对老的增压站场实施了"关停并
转"，以提高站场及压缩机负荷率，降低能耗。2015—2019 年油田、气田站场
数量变化如图 1－4 所示。

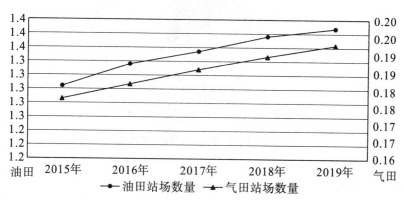

图 1－4　2015—2019 年油田、气田站场数量变化图（万座）

油田各类站场数量最多的是计量站，占比为 70％，转油站占比为 11％，
具体如图 1－5 所示。

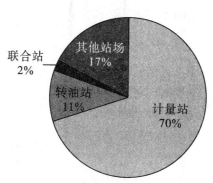

图 1－5　油田各类站场数量占比

气田各类站场数量最多的是集气站，占比为 83%，具体如图 1-6 所示。

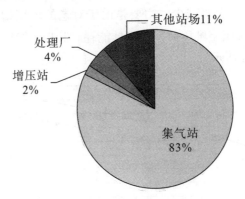

图 1-6　气田各类站场数量占比

（三）管道

油气田拥有管道 33.9 万公里，其中油田管道 25 万余公里，气田管道近 9 万公里。

油田管道主要包括油气集输管道、净化油输送管道、水系统管道及其他管道，各类管道长度占比如图 1-7 所示。

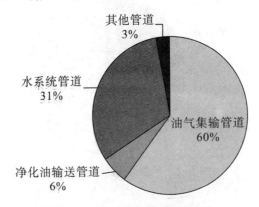

图 1-7　油田各类管道长度占比

气田管道主要包括气集输管道、净化气输送管道、水系统管道和其他管道，各类管道长度占比如图 1-8 所示。

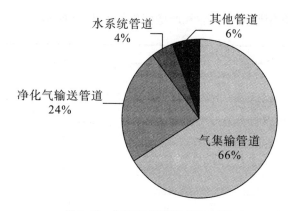

图1-8 气田各类管道长度占比

三、油气生产现状

中国石油集团公司国内原油产量从 1995 年迈上 1 亿吨后，已实现了连续 25 年稳产 1 亿吨以上，创出一系列开发奇迹。特别是大庆油田原油年产量连续 27 年实现 5000 万吨以上持续稳产高产，长庆油田实现了致密油规模效益开发和快速上产。主力油田中，高渗油藏采收率达到 54％以上，创出了世界领先的开发理论和技术，形成了六大配套系列技术和十二项特色技术，支撑了不同开发阶段的油田开发水平，推动油田开发效益持续提高。进入"十三五"以来，原油年产量继续维持在 1 亿吨以上，但总体呈下降趋势，年均下降 2.1％；天然气产量快速增加，年均增加 5.8％。

2015—2019 年原油、天然气产量变化如图 1-9 所示。

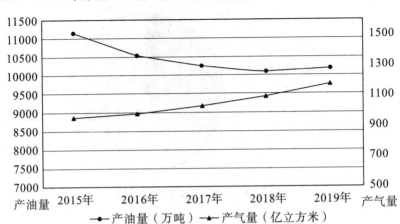

图 1-9　2015—2019 年原油、天然气产量变化图

第二节　油气田能效现状

油气生产过程中会消耗大量的能源，随着油气田开发进入中后期，能耗增长控制难度越来越大。"十三五"期间，在稳油增气的情况下，一系列节能减排措施的实施，使能耗量增幅得到有效控制，单耗指标持续下降，为中国石油集团公司节能节水作出了重要贡献。

一、能耗用水现状

上游业务能耗占中国石油集团公司能耗的 38％。2015—2019 年，在油气产量增长的情况下，上游业务通过大力削减油气自用和损耗，开展显著有效的节能技术措施，综合能耗实现稳中有降，年均下降了 1.6％；新鲜水用量持续下降，年均降幅为 2.6％；工业污水回用率逐年提高，到 2019 年已达 96％以上。

2015—2019 年能耗用水变化如图 1—10 所示。

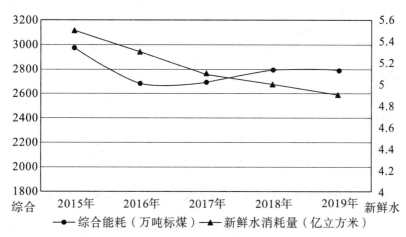

图 1—10　2015—2019 年能耗用水变化图

二、单耗变化现状

2015—2019 年，在产液量保持稳定的情况下，油田液量单耗稳中有降，年均降幅为 3%；在天然气产量持续增加，年均增幅达 5% 的情况下，气田生产单耗总体下降，年均降幅为 3%。“十三五”期间，原油液量及天然气生产单耗变化如图 1—11 所示。

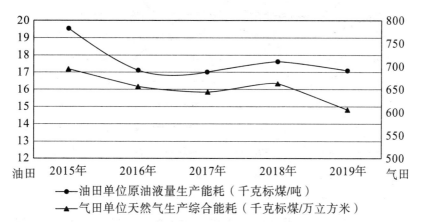

图 1—11　原油液量及天然气生产单耗变化图

2015—2019 年，各油气田平均单位油气当量商品量生产单耗总体呈下降趋势，年均降幅为 1.8%，具体如图 1—12 所示。

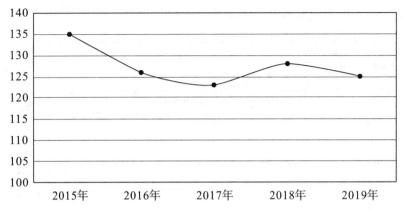

图 1-12   2015—2019 年单位油气当量商品量生产单耗变化图（千克标煤/吨）

各油气田企业单位油气当量商品量生产单耗排名变化如图 1-13 所示。

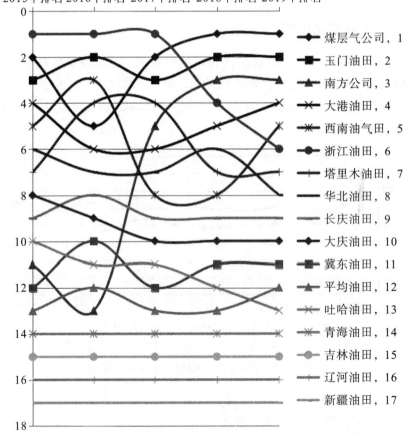

图 1-13   各油气田企业单位油气当量商品量生产单耗排名变化图

2015—2019 年，油田用水单耗持续下降，总体降低了 5%；气田用水单耗持续下降，总体降低了 20%。具体变化情况如图 1-14 所示。

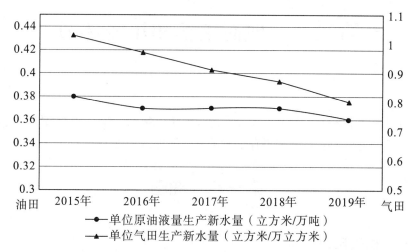

图 1-14 **2015—2019 年单位原油、天然气生产新水消耗变化图**

三、节能量、节水量完成情况

各油气田按照"十三五"节能节水任务，历年超额完成节能节水目标，截至 2019 年累计实现节能量 154 万吨标煤，实现节水量 2200 万立方米。2016—2019 年节能量、节水量完成情况如图 1-15 所示。

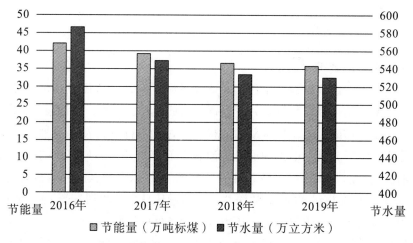

图 1-15 **2016—2019 年节能量、节水量完成情况**

第二章　地面工艺和用能环节

油田地面生产工艺系统主要分为机采系统、集输系统、注入系统、热力系统等，气田生产工艺系统主要有集输系统、处理系统等。

第一节　油田

一、机采系统

机械采油系统（简称机采系统）由井下泵、油管、原动机（一般为电动机）、传动及辅助设备组成，是用以将油井产物或油井产出液从井下举升到地面的采油设备总体和油井所组成的系统，主要分为抽油机采油系统、电动潜油离心泵采油系统和螺杆泵采油系统。一般用机采系统效率或吨液百米耗电来表征机采系统的能源利用效率。其中机采系统是油田生产耗电的主要环节，高含水油田机采耗电约占油田生产总耗电的 35%，低渗透油田机采系统耗电占油田生产总耗电的 50% 以上。

（一）生产工艺

1. 抽油机采油系统

抽油机采油系统由地面设备和井下设备组成，其中地面设备包括抽油机、电动机、配电箱、井口装置，井下设备包括抽油杆、油管、抽油泵及辅助井下工具。系统工作时，电动机带动抽油机，通过抽油杆柱带动井下抽油泵工作，将油井产出液举升至地面。抽油机采油是当前国内外应用最广泛的采油方法，国内抽油机采油井数约占机械采油总井数的 90% 以上，其适用范围较宽，从 200～300 m 的浅井到 3000 m 的深井，产油量从日产几吨到日产 100～200 t 都可应用，且设备自身不受温度、压力等生产条件的影响。

从总体结构上分，抽油机分为游梁式和无游梁式两种。曲柄做旋转运动，通过四连杆机构使游梁和驴头上下摆动，带动抽油泵往复工作的抽油机称为游梁式抽油机。游梁式抽油机按其结构可分为常规型、异相型、双驴头型等。无游梁式抽油机是不用游梁即可将原动机的旋转运动或直线运动转换成光杆上下往复运动的抽油机。无游梁式抽油机按其结构可分为曲柄连杆抽油机、变径轮式抽油机、塔架抽油机等。近年来，随着节能减排工作的深入开展，涌现出许多诸如下偏杠铃、后置平衡块等节能型抽油机。这些抽油机在游梁式和无游梁式抽油机的基础上进行了改造，与原抽油机相比，具有冲程增大、电动机功率下降等特点，有很好的节能效果。

2. 电动潜油离心泵采油系统

电动潜油离心泵采油系统由多级潜油离心泵、潜油电动机、保护器、油管柱及附属部件、动力电缆、地面控制装置（包括变频器、控制屏、接线盒等）及辅助装置（包括井口装置）组成。电动潜油离心泵采油系统与其他机械采油方式相比，具有排量大、扬程范围广、生产压差大、井下工作寿命长、地面设备简单等特点，也是一种应用较广的无杆式采油系统。当油井日产液量较大时，系统效率较高。一般油井产液量在 $100\ \mathrm{m^3/d}$ 以上时，多采用电动潜油离心泵采油。

3. 螺杆泵采油系统

螺杆泵采油系统与其他机采系统相比，结构简单，占地少，重量轻，投资少，工作安全可靠，流量均匀，压力稳定，能耗小，效率较高。螺杆泵适用黏度范围广，可以举升稠油，适用于黏度在 $8000\ \mathrm{mPa \cdot s}$（50℃）以下的各种含原油流体，适应高含砂井和高含气井。但螺杆泵的定子由橡胶制造，容易损坏，会增加检泵费用，且不耐高温，不适合用于注蒸汽井。根据井下螺杆泵的驱动方式，螺杆泵采油系统分为地面驱动螺杆泵采油系统和潜油电动机井下驱动螺杆泵采油系统。目前常用的是地面驱动螺杆泵采油系统。

地面驱动螺杆泵采油系统由井下螺杆泵、抽油杆柱、油管、电动机、地面控制装置（包括变频器）、传动及辅助装置组成。系统工作时，电动机通电后旋转，经过二级减速（三角皮带和齿轮）后，通过方卡带动光杆、抽油杆柱旋转，传递运动和扭矩，驱动井下螺杆泵转子转动，将油井产出液举升至地面。

潜油电动机井下驱动螺杆泵采油系统是近几年出现的一种安全高效的抽油设备，由井下螺杆泵、油管、潜油电缆、潜油电动机、地面控制装置（包括变频器）、传动及辅助装置组成。系统工作时，动力电缆将电力传送给井下潜油电动机，电动机通过减速器减速或使用调速电动机直接驱动螺杆泵转子转动，将油井产出液举升至地面。潜油电动机井下驱动螺杆泵采油系统省去了传递动力的细长抽油杆和地面减速器，从根本上解决了地面驱动螺杆泵杆管偏磨、停机时抽油杆反转和正常抽汲时抽油杆旋转耗能等问题，能有效延长系统的使用寿命，提高系统的工作效率，大幅度降低检泵成本，延长检泵周期。

（二）主要耗能环节

机采系统是油田电力消耗大户，常规机采系统电力消耗主要存在以下几个环节。

1. 电动机功率损失

一般的电动机在输出功率为（60%～100%）额定功率的条件下工作时，其效率接近于额定效率，约为90%，即电动机损耗约占10%。抽油机电动机的负荷变化十分剧烈而频繁。在抽油机的每一冲程中，电动机的输出功率出现两次瞬时功率极大值和极小值，极大值可超过额定功率，而极小值一般为负功率，即电动机不仅不输出功率，反而由抽油杆拖动而发电。因此，电动机的输出功率的变化远远超出了（60%～100%）额定功率的范围，特别是当抽油机平衡不良时，其电动机甚至可能在（-20%～120%）额定功率的范围内变化，这时电动机的效率降低，损耗也必然增大。从现场实测看，电动机的损耗有的高达30%～40%。因此，抽油机在一个冲程中，大多数时间里电动机处于轻载运行，即所谓"大马拉小车"的情况，其效率和功率因数都很低，这就造成较大的能量损失。

2. 皮带传动功率损失

皮带传动功率损失可分为两类：一类是与载荷无关的损失，它包括绕皮带轮的弯曲损失，进入与退出轮槽的摩擦损失，多条皮带传动时由于皮带长度误差及槽轮误差造成的损失；另一类是与载荷有关的损失，它包括弹性滑动损失，打滑损失，皮带与轮槽间径向滑动摩擦损失等。其传动效率的高低主要与皮带的选型、皮带的涨紧程度、皮带的质量、皮带轮包角以及抽油机的平衡有关。目前，采油厂使用的皮带多为"V"形联带和"V"形单带，其传动效率较高，理论上可达到98%左右。但如果主动轮和从动轮不能做到"四点一线"，皮带松紧不合适，将严重影响皮带的传动效率。

3. 减速箱功率损失

减速箱功率损失包括轴承损失和齿轮损失两种。减速箱中有三对轴承，一般为滚动轴承，一对轴承的损失约为1%，于是减速箱三对轴承的损失约为3%。减速箱中的齿轮在传动时，相啮合的齿面间有相对滑动，因此就要发生摩擦与功率损失。一对齿轮传动功率损失约为 2%，则抽油机减速箱三对齿轮的传动损失约为 6%。因此减速箱总的功率损失为 9%~10%，即传动效率为 90% 左右。这是在润滑良好情况下的数据，如果减速箱润滑不良，功率损失将增加，效率将下降。

4. 四连杆机构功率损失

四连杆机构功率损失主要包括摩擦损失和驴头钢绳变形损失两种。摩擦损失主要由轴承引起，驴头钢绳变形损失是由钢绳与驴头接触发生挤压变形，同时悬点载荷周期性变化反复被拉伸引起的。由此可见，加强检查、保养也是保证四连杆机构高效传动的重要因素，其效率可达到 95% 以上。

近年来出现了许多抽油机的平衡方式。采用这些平衡方式能不同程度地改善曲柄轴净扭矩曲线，降低曲柄轴轴距的峰值，减小扭矩曲线的波动。

实践证明，通过合理的调整平衡，每口油井平均可有功功率消耗 0.3~1.5 kW，节电效果显著。每口油井都有节电的平衡度最佳点，一般调在 90% 最为经济。通过调整平衡来节约电耗，少投入，多产出。

5. 盘根盒功率损失

盘根盒功率损失主要是光杆与盘根间的摩擦损失。抽油机工作时，由于光杆与盘根盒中的填料存在相对运动而产生摩擦，会产生功率损失。该项功率损失与光杆运动速度和摩擦力成正比。盘根盒密封属于接触密封，接触密封的接触力使密封件与被密封面接触处产生摩擦，一般摩擦力随工作压力、压缩量、密封材质和填料的硬度以及接触面积的增大而增大，随温度的升高而减小。正常情况下，盘根盒损失不大。如果抽油机安装不对中，光杆与盘根盒的摩擦力将成倍增加。日常生产和管理中，正确调整盘根松紧度也能产生显著的节电效益。

6. 抽油杆功率损失

抽油杆功率损失主要包括弹性损失和摩擦损失两种。其中摩擦损失是由抽油杆与油管之间的摩擦引起的，与泵挂深度、原油黏度成正比，与运动速度的平方成正比。有效防止油杆偏磨、选择材质较好的油杆、合理优化泵挂深度是提高抽油杆传动效率的重要因素。

7. 抽油泵功率损失

抽油泵功率损失包括摩擦损失、容积损失和水力损失三种。其中摩擦损失是指由于柱塞与衬套之间的摩擦产生的损失，容积损失是指由于柱塞与衬套之间的漏失造成的损失，水力损失是指原油流经泵阀时由于水力阻力引起的损失。原油黏度较高时以摩擦损失为主，较低时以容积损失为主。

8. 管柱功率损失

管柱功率损失主要包括容积损失和水力损失两种。容积损失由油管漏失引起，主要是作业质量问题和螺纹漏失。水力损失是由原油沿油管流动造成的，其是抽油机上冲程时，游动阀关闭，油柱向上运动与油管内壁发生摩擦。

常规抽油机采油系统中能量的传递与损失情况如图 2—1 所示。

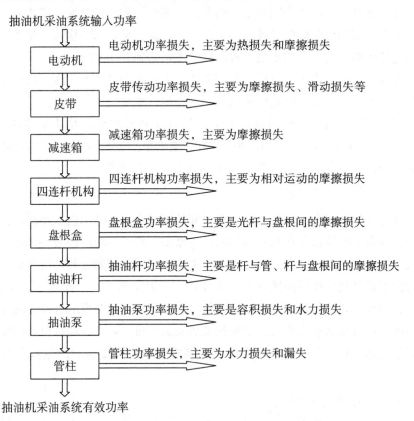

图 2—1　常规抽油机采油系统中能量的传递与损失情况

提高机采系统工作效率的主要途径：一是采用或更换效率更高的节能设备，如节能抽油机、节能电动机、智能控制柜、高效泵等，从设备性能方面减少各环节的能量损失；二是通过机杆泵与地层产能的科学合理配置和不断的生产参数优化，使抽油系统与油层产能始终处于供排协调状态，实现机采系统提效降耗和节能减排。

二、集输系统

原油集输主要包括分井计量、气液分离、接转增压、原油脱水、原油稳定、原油储存、天然气脱水、轻烃回收及凝液储存、外输油气计量等生产环节，集输过程各个环节形成了相应的单元工艺。根据各油田的地质特点、适用采油工艺、原油物性及自然条件等，可将原油集输各单元工艺进行合理组合，形成不同的原油集输系统工艺流程。

（一）生产工艺

1. 分井计量

分井计量是通过计量装置，分别测出单井产物中原油、天然气、采出水的产量，作为监测油藏开发和生产动态的依据之一。计量分离器分为两相和三相两类。两相分离器把油井产物分为气体和液体，三相分离器把高含水的油井产物分为气体、游离水和乳化油，然后用流量仪表分别计量出体积流量。含水油的体积流量须换算为原油质量流量。油井油、气、水计量允许误差为±10%。

2. 气液分离

为了满足油气处理、储存和外输的需要，气、液混合物要进行分离。气、液分离工艺与油气组分、压力、温度有关。高压油井产物宜采用多级分离工艺。生产分离器也有两相和三相两类。因油、气、水比重不同，可采用重力、离心等方法将油、气、水进行分离。分离器结构形式有立式和卧式两种，分为高、中、低不同的压力等级。分离器的形式和大小应按处理气、液量和压力大小等选定。处理量较大的分离器一般采用卧式结构。分离后的气、液分别进入不同的管线。

3. 接转增压

当油井产物不能靠自身压力继续输送时，需接转增压，继续输送。一般将气、液分离后分别增压，液体用油泵增压，气体用油田气压缩机增压。

油罐烃蒸气回收将原油罐内气相压力保持在微正压下，用真空压缩机回收罐顶排出的烃蒸气。油罐和压缩机必须配有可靠的自控仪表，确保其安全运行。

4. 原油脱水

原油脱水是指脱除原油中的游离水和乳化水，达到外输原油要求的含水量。脱水方法根据原油物理性质、含水率、乳化程度、化学破乳剂性能等，通过试验确定。一般采用热化学沉降法脱除游离水、电化学法脱除乳化水的工艺。油中含有的盐分和携带的砂子，一般随水脱出。化学沉降脱水应尽量与管道内的原油破乳相配合。脱水器为密闭的立式或卧式容器，一般内装多层电极，自动控制油、水界面和输入电压，使操作平稳，脱出的污水进入污水处理场处理后回注油层。

5. 原油稳定

原油稳定是指脱除原油中溶解的甲烷、乙烷、丙烷等短链烃类气体组分，从而降低原油在储运过程中的蒸发损耗。稳定后的原油在最高储存温度下的饱和蒸气压不超过当地大气压的 0.7 倍。在稳定过程中，还可获得液化气和天然汽油。原油稳定可采用负压闪蒸、正压闪蒸和分馏等方法。以负压闪蒸法为例，稳定工艺过程是：脱水后的原油经加热后进入负压闪蒸塔，用真空压缩机将原油中的气体抽出，送往油田气处理装置。经过稳定的原油从塔底流出，进入储油罐。原油稳定与油气组分含量、原油物理性质、稳定深度要求等因素有关，由各油田根据具体情况经技术经济对比后选择合适的工艺。

6. 原油储存

为了保证油田均衡、安全生产，外输站或矿场油库必须有满足一定储存周期的油罐。储油罐的数量和总容量应根据油田产量、工艺要求、输送方式来确定。油罐一般为钢质立式圆筒形，有固定顶和浮顶两种形式，单座油罐容量一般为 5000~20000 m^3。为减少热损失，油罐外壁设有保温包覆层。易凝原油罐内设加热盘管，以保持罐内的原油温度；油罐上应设有消防和安全设施。

7. 天然气脱水、轻烃回收及凝液储存

天然气脱水就是脱除天然气中的饱和水，使其在管线输送或冷却处理时，不生成水合物。对天然气轻烃进行回收，脱除天然气中的烃液，使其在管线输送时烃液不被析出；或专门回收天然气中的烃液后再进一步分离成乙烷、液化石油气、轻质油等单一或混合组分作为产品，并使天然气达到商品天然气（干气）产品标准。最后将天然气凝液、液化石油气、天然汽油分别盛装在相应的压力容器中。保持烃液生产与销售平衡。

8. 外输油气计量

外输油气计量是油田产品进行内外交接时经济核算的依据。计量要求有连续性，仪表精度高。外输原油采用高精度的流量仪表连续计量出体积流量，乘以密度，减去含水量，求出质量流量。原油流量仪表用相应精度等级的标准体积管进行定期标定。另外也有用油罐检尺（量油）的方法计算外输原油体积，再换算成原油质量流量的。外输油气计量，一般是采用由节流装置和差压计构成的差压流量计，并附有压力和温度补偿，最后用所测参数求出体积流量。

9. 输油、输气

管道输送是用油泵将原油从外输站直接向外输送，具有输油成本低、密闭连续运行等优点，是最主要的原油外输方式。此外，还有采用装铁路油罐车、船舶的运输方法。

油气集输工程要根据油田开发设计、油气物性、产品方案和自然条件等进行设计和建设。油气集输系统工艺流程要求做到：①合理利用油井压力，尽量减少接转增压次数，减少能耗；②综合考虑各工艺环节的热力条件，减少重复加热次数，进行热平衡，减少燃料消耗；③流程密闭，减少油气损耗；④充分收集和利用油气资源，生产合格产品，包括净化原油、净化油田气、液化气、天然汽油和净化污水（符合回注油层或排放要求）等；⑤技术先进，经济合理，安全适用。

单元工艺组合的原则：①油气密闭输送，处理各接点处的压力、温度、流量相一致。②油井产物是自然流入油气集输系统的，流量、压力、温度瞬间都有变化，流程中必须设有缓冲、调控设施，以保证操作平稳，产品质量稳定。③油气集输系统各单元工艺所用化学助剂要互相配伍，与水处理过程中的杀菌、缓蚀剂等药剂也要配伍。④自然能量与外加能量的利用要平衡。

油气集输系统工艺流程如图 2-2 所示。

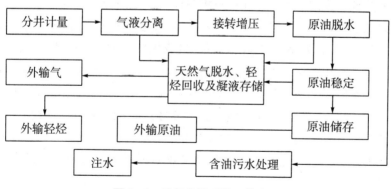

图 2-2　油气集输系统工艺流程

（二）主要耗能环节

油气集输系统工艺流程按照油气输送的形式可分为油气分输流程、油气混输流程，按照油气集输系统布站形式可分为一级（计量阀组、联合站）、二级

（计量间、联合站）和三级（计量间、接转站、联合站）布站集输流程，按照油井集输方式可分为单管加热（或不加热）流程、双管掺水流程和三管热水伴热流程。

原油集输系统耗能环节主要是集油、脱水、稳定和储运。在集油过程中，主要耗能设备有掺水炉、掺水泵、转输泵等。脱水过程主要有热化学脱水和电脱水两个，主要耗能设备有脱水炉、脱水泵、电脱水器等。原油稳定过程主要耗能设备是原稳炉。原油经处理后外输耗能设备主要有外输泵、外输炉。油田伴生气与原油同时采出后，经低压油气分离，输至天然气处理厂做进一步处理，主要耗能设备为增压机、压缩机、风机、泵、加热炉等。

一般来说，油品物性、技术水平、生产环境等因素决定了油气集输系统的工艺流程，而油气集输系统的工艺流程基本决定了油气集输系统的能耗水平，如三管伴热工艺流程的耗气必定大于单管出油流程，电化学脱水的耗电必然大于热化学脱水的耗电。

集输系统效率主要由电动机运行效率、泵运行效率和管网运行效率三部分组成。在集输系统的设计和生产中，考虑到油田生产的发展变化，在设计时都留有相当的余量，往往造成实际运行中"大马拉小车"负载率低的现象，所以泵与管网匹配度是影响系统效率的一个关键因素。

三、注入系统

注入系统分为注水系统和注汽系统两种。

在采油过程中，一次采油的采收率一般只能达到 15％左右（大部分原油仍残留在油层中）。为保持和提高地层能量或地层压力，提高地层中的油气采收率，国内外油田普遍采用注水开发技术。油田注水系统是由注水站、注水管网（包括配水间）和注水井口组成的网状系统，水源来水经过注水泵加压后压力升高，由注水站出口经注水干线、支干线输送到配水间（或阀组），经阀控调压后输送到井口，最终注入井底。根据注水系统的工艺流程，可用注水系统效率、单位压力注水量耗电、注水泵机组效率等指标来表征注水系统的能效水平。

注汽系统用于稠油油田开发。稠油按照其原油脱气黏度的不同可分为普通稠油、特稠油及超稠油等类型，除部分普通稠油油藏采取注水开发方式外，稠油油藏多采用蒸汽吞吐、蒸汽驱、蒸汽辅助重力泄油等热力开发方式进行开采，即先将高温蒸汽（湿饱和蒸汽、干饱和蒸汽及过热蒸汽等）注入油层，使油层中的稠油升温融化和降黏，以提高其在地层中的流动性，然后再采用机械举升方式把井下流体抽汲到地面。据统计，在稠油热采中，每开采 1 t 稠油，消耗 3～5 t 高温蒸汽，即油汽比为 0.2～0.3。稠油热采的注汽系统主要包括为稠油热采而生产注入油层蒸汽的注汽站和将蒸汽输送至注汽井口的管网。根据稠油热采中注汽系统的生产特点，一般用吨汽生产综合能耗、吨汽生产电耗、吨汽生产气耗、锅炉热效率或锅炉综合效率以及管线保温结构散热损失等指标来表征注汽系统的能效水平。

（一）注水工艺

油田注水工艺技术随着油田注水开发建设经历了近 40 年的发展，由最初的集中高压供水多井配注的单一注水模式发展到现在包括分质、分压注水等多种模式，总体来说，降低注水系统单耗是推动不同注水工艺模式发展的重要动力。

根据油田的特点，注水工艺流程可分为集中注水工艺和分散注水工艺两种。集中注水工艺将注水站建在联合站或转油站内，站外系统均为高压管网，源水经过配水阀组调节分配后输至注水井口。集中注水工艺中，注水泵排量大、数量少并集中建设，所带井数多。分散注水工艺将水质处理部分建在转油站内，转油站至配水间采用低压供水，配水间采用高压注水管线将源水输至注水井口。

目前，普遍应用的注水工艺技术主要有以下几种。

1. 单干管单井配水流程

单干管单井配水流程是指水源来水经注水站升压后，由高压阀组分配给单井配水间连接的单干管，经单干管单井配水间，经控制、计量后输送到注水井注入地层。图 2-3 为单干管单井配水流程示意图。

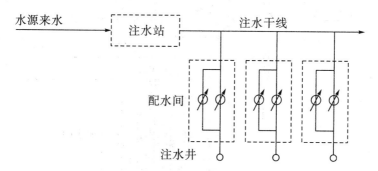

图 2-3 单干管单井配水流程示意图

单干管单井配水流程的特点是每口注水井配一座配水间，配水间数量多，管理分散，但注水支线短，节省材料，有利于分层测试，总投资较少。该流程适用于油层和原油物性变化不大，井数多、采用行列式布井，注水量较大，面积较大的油田。大庆油田外围区块较广泛地采用这种配水流程。

2. 小站直接配水流程

小站直接配水流程是指水源来水在泵站加压计量后，直接进入各注水井。图2-4为小站直接配水流程示意图。

图2-4 小站直接配水流程示意图

小站直接配水流程的特点是将注水干线变为低压注水管线，节省钢材与投资。这种流程适用于注水量不大，注水井较分散，并且可以就地取水的地区。

3. 单干管多井配水流程

单干管多井配水流程是指水源来水进注水站，经计量、过滤、缓冲、沉降后，用注水泵升压、计量后，由出站高压阀组分配到注水管网，经多井配水间控制、调节、计量，最终输至注水井注入油层的工艺流程。图2-5为单干管多井配水流程示意图。

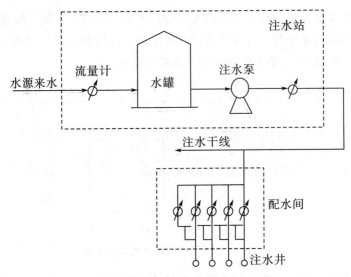

图2-5 单干管多井配水流程示意图

单干管多井配水流程的特点是系统灵活，便于对注水井网进行调整，各井之间干扰小，易于与油气计量间联合设置，便于集中供热、通信和生产管理，有利于集中控制。这种类型的配水流程适应性强，适用于面积大、注水井多、注水量较大的油田。

4. 双干管多井配水流程

双干管多井配水流程是指从注水站到配水间铺设两条干线，一条用于正常注水，另一条用于洗井或注入其他液体。图2-6为双干管多井配水流程示意图。

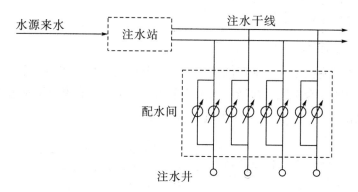

图2-6　双干管多井配水流程示意图

双干管多井配水流程的特点是注水和洗井分开，洗井时干线和注水压力不受干扰。在单井注水量小的地区，该流程有利于保持水井不受激动。

除了以上常规的注水流程外，随着地层情况的变化，实际生产中使用的注水流程等也在不断优化。其中，局部增压注水流程和分压注水流程即是在满足生产注水要求的前提下，衍生出来的优化注水流程。

5. 局部增压注水流程

局部增压注水流程是指在一个区块内，针对个别注水井压力较高的情况，在配水间或注水井口进行二次增压，以满足有效注入的手段。图2-7为局部增压注水流程示意图。

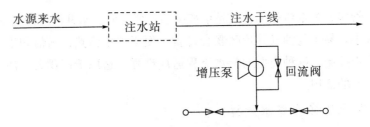

图2-7 局部增压注水流程示意图

局部增压注水流程的特点是可解决同一区块的部分特低渗透层的注水问题。目前，无论是在大型油田还是中、小型油田，均常采用这种用局部增压的办法来完成配注水的方案。

6. 分压注水流程

分压注水流程是指当油田的油层渗透率差别很大时，在同一个注水站内采用压力不同的两套系统（包括注水泵和管线），对高、中渗透层和低渗透层实行分压注水。图2-8为分压注水流程示意图。

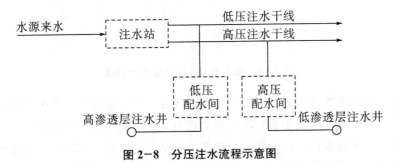

图2-8 分压注水流程示意图

分压注水流程的特点是对不同渗透率地层实施不同压力注入，不但满足注入要求，而且相应的注水泵、管网均可适当配置，以降低投资，节约运行能源消耗量。分压注水普遍应用于各油田地层存在压力差的区块。

（二）注汽工艺

地面注汽工艺是通过注汽锅炉产生高温高压蒸汽，并将蒸汽分配注入油井的一种工艺。注汽系统由注汽站和注汽管网组成。

注汽工艺流程如下：

生水→过滤→软化除氧→高压柱塞泵→注汽锅炉→注汽干线→等干度分配器→注汽支线→等干度分配器→计量装置→井口。

1. 常规蒸汽吞吐注汽工艺

常规蒸汽吞吐注汽工艺如图 2-9 所示。

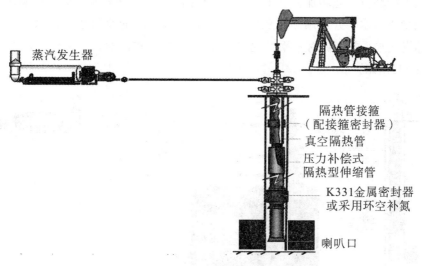

图 2-9 常规蒸汽吞吐注汽工艺

2. 蒸汽驱注汽工艺

蒸汽驱注汽工艺较常规蒸汽吞吐注汽工艺增加了地面等干度分配器和蒸汽驱长效隔热以及蒸汽驱分层注汽工艺，注汽管柱采用单层注汽管柱或分层注汽管柱。蒸汽驱注汽工艺如图 2-10 所示。

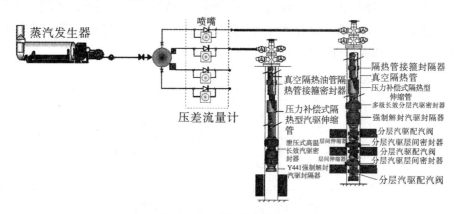

图 2-10 蒸汽驱注汽工艺

3. SAGD 注汽工艺

SAGD 简称蒸汽辅助重力泄油，是一种将蒸汽从位于油藏底部附近的水平生产井上方的一口直井或一口水平井注入油藏，被加热的原油和蒸汽冷凝液从油藏底部的水平井产出的采油方法，是开发超稠油的前沿技术。该工艺较常规蒸汽吞吐注汽工艺增加了汽水分离器，提高了蒸汽干度；注汽管柱可满足间歇注汽要求；水平井采用同心双管注汽保证了水平段的均匀注汽。该工艺适用于直井+水平井和成对水平井两种 SAGD 组合方式注汽。SAGD 注汽工艺如图 2—11 所示。

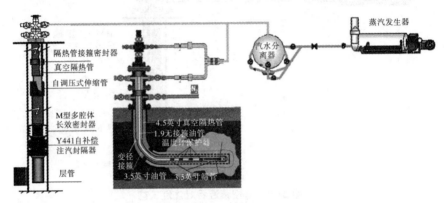

图 2—11　SAGD 注汽工艺

(三) 主要耗能环节

1. 注水系统

不论采用何种注水工艺流程，系统均由电动机、泵、阀组、管网、井口等设备组成。注水系统的能量流向一般是从电动机、泵、阀组、管网到井口。图 2—12 为注水系统能量流向示意图。

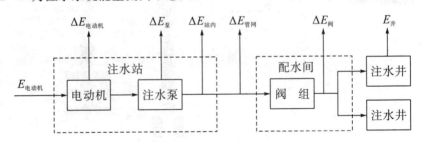

图 2—12　注水系统能量流向示意图

注水系统的源动能为电动机消耗的电能，能量分别消耗在电动机损失、注水泵损失、回流节流损失、注水管网损失、阀组损失、注水井消耗等环节。

根据能量守恒原理可得式（2—1）：

$$E_{电动机} = \Delta E_{电动机} + \Delta E_泵 + \Delta E_{站内} + \Delta E_{管网} + \Delta E_阀 + E_井 \qquad (2-1)$$

式中：$E_{电动机}$——电动机输入功率，kW；

　　　$\Delta E_{电动机}$——电动机损失能量，kW；

　　　$\Delta E_泵$——注水泵损失能量，kW；

　　　$\Delta E_{站内}$——站内回流、节流损失能量，kW；

　　　$\Delta E_{管网}$——注水管网损失能量，kW；

　　　$\Delta E_阀$——配水间阀节流损失能量，kW；

　　　$E_井$——注入系统有效能量，即注入注水井能量，kW。

由式（2-1）可知，要提高注水系统整体效率，需要从各个能量损失环节入手，尽可能降低各环节的能量损失，提高能量利用率。因此，注水系统运行效率受每个相关子系统效率的影响，其中：

（1）$\Delta E_{电动机}$：电动机损失能量由电动机的不变损耗和可变损耗构成，取决于电动机的本体效率和运行时的负载率。电动机的本体效率是指电动机在额定电压和额定频率运行时可能达到的最高效率。电动机的运行负载率是指电动机在运行时实际输出的轴功率与额定功率之比。电动机在不同负载率运行时运行效率不同，这部分损失的能量可以用电动机的效率曲线反映出来，其效率随轴功率而变化。通常，中大功率注水泵电动机额定运行效率在 95% 以上，也就是说每注入 1 m³ 水，电动机本身消耗的电能约占 5%。

（2）$\Delta E_泵$：注水泵损失能量主要是液体和叶轮前后盖板外表面及泵腔的摩擦产生的机械损失，叶轮的一部分液体经叶轮密封环间隙泄漏到叶轮进口而得不到有效利用形成的容积损失，液体在过流过程中伴随的摩擦、冲击、换向等产生的水力损失。泵的有效能的利用可用泵效率曲线表示。目前，油田常用注水离心泵的平均运行效率约为 77%，往复泵平均运行效率在 85% 以上，即每注 1 m³ 水，离心泵注水消耗 20% 以上的能量，往复泵消耗近 15% 的能量。

（3）$\Delta E_{站内}$：站内回流、节流损失能量主要指泵出口回流或节流阀节流带来的能量损失。对于高压柱塞泵来说，由于柱塞泵固有的工作特性，其与回注井匹配难度较大，注水压力低时不能大量注入，注水压力高时多余的流量只能打回流进行无效循环，造成大量的能量浪费，由此也导致柱塞泵的管网效率较低。但随着变频调速技术的应用越来越广泛，柱塞泵回流问题得到有效解决。对于离心注水泵来说，则需要调整离心泵出口调节阀的开度来匹配回注井的注水压力、流量要求，这样也造成泵出口的能量节流损失。

（4）$\Delta E_{管网}$：注水管网损失能量是指由于注水泵的排量、压力以正弦曲线波动，带动泵体及管网振动而损失的能量，以及由于管网弯头、材质等造成的管线沿程损失。其主要取决于管网系统的匹配情况和布置情况，包括各段管网的形状、截面尺寸、长度、材质、弯头数量、阀门数量和种类等。管网系统的阻力小，运行损耗小，相应地匹配电动机和泵的功率减小，源头消耗的能量也随之减小。

（5）$\Delta E_{阀}$：配水间阀节流损失能量是指为了满足每口注水井不同的注水压力、流量要求，需要在配水间内通过调压阀对注水干线来水进行调节、控制，由此造成的能量损失。

（6）$E_{井}$：注入系统有效能量是指水注入目的层消耗的能量。这部分能量消耗取决于地层压力、动态因素、性质等。一些注水井随着地层压力的升高或地层堵塞导致注水压力升高，使整个注水系统压力升高，这种情况下就需要提高注水压力，甚至进行升压改造，提高注水泵电动机功率配置，系统功率的消耗也就相应增大。

2. 注汽系统

注汽系统主要用能设备是注汽锅炉，注汽锅炉前置高压给水泵消耗电力，注汽锅炉消耗燃料（主要是天然气、原油或原煤）。

四、热力系统

不论常规油气田还是稠油油田，都需要大量热量用于油气的开采、集输和处理，这些热量主要依靠加热炉和锅炉提供。在油气田，这些被称为热力系统。油气田加热炉与锅炉主要用于井口加热、掺水、热洗、原油脱水、原油外输、稠油开采注蒸汽、气田的集输与处理以及地面设施的供暖和伴热等环节。有资料表明，热力系统能耗平均约占油气田总能耗的57%。油田锅炉和加热炉是油气热力系统的重要设备，也是油田生产业务的主要耗能设备。

（一）锅炉

油田用工业锅炉主要是蒸汽锅炉和热水锅炉。蒸汽锅炉的结构形式分为锅壳式锅炉和水管式锅炉两类。

蒸发受热面主要布置在锅壳内的锅炉，叫锅壳式锅炉。锅壳式锅炉有两种：一是立式锅壳锅炉（锅壳的纵向轴线垂直于地面的锅炉），二是卧式锅壳锅炉（锅壳的纵向轴线平行于地面的锅炉）。前者主要有立式横水管锅炉、立式直水管锅炉、立式弯水管锅炉三种，后者主要有卧式内燃锅炉和卧式外燃锅炉两种。

蒸汽受热面全部由水管组成，且在锅筒内不布置蒸发受热面的锅炉叫水管式锅炉。常见的有双纵锅筒水管锅炉、双横锅筒水管锅炉和单纵锅筒水管锅炉等。

油田上常用的锅炉是卧式外燃油（气）锅炉。卧式外燃油（气）锅炉的炉胆改为许多烟管，炉排移至锅壳底部，构成外部燃烧室；锅炉外部砌有轻型砖墙。此类锅炉主要由锅壳，前、后管板，烟管，水冷壁管，下降管和集箱等受压部件组成。锅炉的蒸发量小于 6 t/h，工作压力小于 1.3 MPa。其优点是整装出厂、安装方便，升火时间短，产生蒸汽快，炉膛空间大，热效率高；缺点是炉管易积灰，锅内结垢严重时锅壳底部易过热鼓包。

稠油油田开发需要注蒸汽，产生高温、高压蒸汽的装置就叫蒸汽发生器，即注汽锅炉。图 2-13 为注汽锅炉结构示意图。

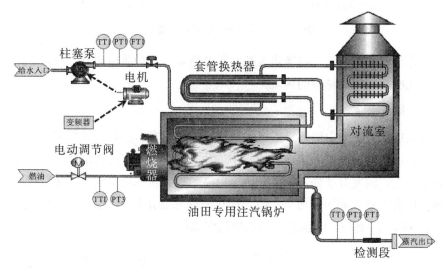

图 2-13　注汽锅炉结构示意图

（二）加热炉

油田加热炉按功能可分为井口加热炉、掺水加热炉、热洗加热炉、含水油外输炉、脱水加热炉、净化油外输炉、原油稳定加热炉、原油输运炉、采暖加热炉等。按类型划分，主要有以下几种。

1. 相变加热炉

相变加热炉是油田油气集输的新型炉型，本体为二回程湿背式结构，主要由燃烧器、油或水盘管、燃烧室、锅筒、烟管、烟箱、载热体等组成。盘管在水面以上，炉膛后部或底部装有防爆门，烟道有二回程或三回程，一般大功率加热炉采用三回程。按蒸汽运行的压力不同，可分为真空相变和承压相变加热炉。按换热盘管结构又可分为一体式和分体式相变加热炉。图 2—14 为相变加热炉结构示意图。

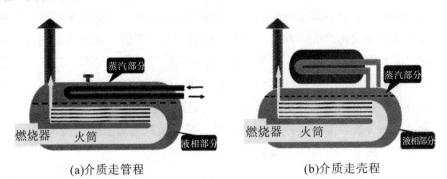

(a)介质走管程   (b)介质走壳程

图 2—14 相变加热炉结构示意图

分体相变加热装置是将换热盘管改用换热器，从炉体中独立开来，适用于原油矿化度高，容易结垢的区块。

2. 管式加热炉

管式加热炉主要由四部分组成：对流室、辐射室、燃烧器、烟囱等。

管式加热炉的火焰直接加热炉管中的生产介质，被加热物质在管内流动，加热温差大，温度升高快，允许介质压力高，单台功率可以很大，能以较小的换热面积获得较大的加热功率；但在加热原油和易结垢介质时，管壁结垢快，严重影响换热。图 2—15 为管式加热炉简图和照片。

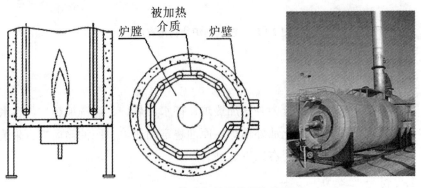

图 2—15 管式加热炉简图和照片

3. 火筒式加热炉

火筒式加热炉主要由燃烧器、火管、烟管、壳体构成。燃料燃烧产生的高温烟气通过火管壁、烟管壁来加热壳体内的被加热介质。由于壳体内被加热介质流通截面积大,介质流动缓慢,烟火管外壁面易结垢。火筒炉一般置于油气集输与处理工艺的泵前,设备压降较低。图 2—16 为火筒式加热炉结构示意图。

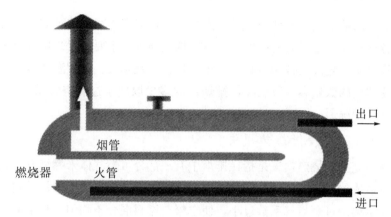

图 2—16 火筒式加热炉结构示意图

4. 水套式加热炉

水套式加热炉与火筒式加热炉的不同之处在于炉壳内与火筒接触的介质不是生产介质而是水,火筒加热水,炉壳内增加了盘管,通过盘管的生产介质被水加热。其优点就是避免或减轻了火筒的结垢和腐蚀,更主要的是火筒不直接与生产介质接触,安全性好;但水套式加热炉传热效率偏低。水套式加热炉一般置于油气集输与处理工艺的泵后,设备压降较高,但可加热高压介质。图 2—17为水套式加热炉结构示意图。

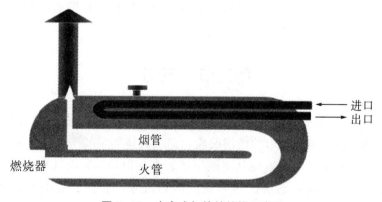

图 2—17 水套式加热炉结构示意图

（三）主要耗能环节

锅炉、加热炉的热损失主要有以下几种。

1. 排烟热损失

锅炉排出的烟气将一部分热量带入大气中，造成了锅炉的排烟热损失。它是锅炉各项热损失中最大的一项。影响排烟热损失的主要因素是排烟温度和排烟量。排烟温度越高，排烟量越多，排烟热损失就越大。排烟温度的高低主要取决于受热面的数量和运行工况，排烟量的多少取决于过剩空气系数及炉膛、烟道的漏风情况。

2. 气体不完全燃烧热损失

气体不完全燃烧热损失是指在排烟中有一部分可燃气体未燃烧放热就随烟气排出所造成的热损失。影响气体不完全燃烧热损失的主要因素是过剩空气系数和炉膛结构。过剩空气系数过小，使空气与燃料混合不均匀，易生成一氧化碳等可燃气体；过剩空气系数过大，会使炉膛温度降低，可燃气体不易着火燃烧。炉膛容积过小，可燃气体在炉膛中来不及燃烧就进入烟道中，会造成气体不完全燃烧热损失。

3. 散热损失

散热损失是指炉墙、构架、管道、门孔向周围环境散热所造成的热损失。散热损失的大小主要取决于锅炉炉墙表面积的大小、绝热性能与厚度、外界空气温度及流动速度等因素。加热炉运行过程中的热损失，主要是排烟与散热损失。因此，加热炉热效率的提高重点应放在减少燃烧和辐射段的散热损失上。一般来说，导致加热炉热效率下降的原因是由于加热炉长期运行使得炉体老化、衬里脱落，导致炉体散热损失增加。

第二节　气田

根据气藏烃类组成特征分类，气藏气可分为干气藏、湿气藏和凝析气藏等。干气藏和湿气藏在开采的任何阶段，储层流体均呈气态。其中湿气藏 C_3 以上组分含量相对较多，地面分离能生产较多的液烃。凝析气藏在开采过程中，随着压力的下降，储层流体出现反凝析现象，会在储层中生成液态凝析油。

气藏气的开发与开采主要依靠天然气自身的弹性能量膨胀进行。对于部分能够建立注采井网的凝析气藏，为减少储层反凝析，提高高附加值凝析油的采收率，开发初期有时也采用循环注气保持压力的开发方式，但在集输方式上与干、湿气藏无明显区别。

气藏气的开采、矿场集输和处理工艺与采集系统压力高低有密切关系。受流体成分、地层物性、油水产出及水化物的影响，在气藏气开采过程中，一般都需要配套药剂注入、排液采气等系统。气藏气开发初期井口压力通常较高，多利用天然能量进行集气；后期地层压力逐步降低，为提高采收率，多采用增压集气工艺。天然气净化处理主要包括脱水、脱硫、脱碳、凝析油回收等工艺流程。

一、集输系统

天然气矿场集输系统由井场（不包括气井）、集输管网（采气管线、集气支线和集气干线）、各种用途的站场（集气站、脱水站、天然气凝液回收站、增压站、清管站、阴极保护站和阀室等）组成。

（一）生产工艺

原料天然气经过井筒从储层中输送到地面，然后减压到集输管线。天然气集输站场流程分为单井集气流程和多井集气流程；按天然气分离时的温度条件，集输站场流程又分为常温分离工艺流程和低温分离工艺流程。

单井集气流程是在气井附近直接设置单独的天然气节流减压、初次分离和计量设备。当一口井天然气中含有硫化氢、二氧化碳等组分，不宜与其他不含这些组分的气井天然气一起集中处理，或是气井压力太高或太低时，多采用单井集气流程。

多井集气流程是将两口以上的气井用管线分别从井口连接到集气站，每口气井只设置采气井口装置，而在集气站对各气井输送来的天然气分别进行节流减压、初次分离和计量。对于压力高、产量大、硫化氢和二氧化碳含量高以及凝析油含量高的天然气宜采用低温分离多井集气流程。

气田气开发初期井口压力通常较高，多利用天然能量进行集气；后期地层压力逐步降低，为提高采收率，多采用降压集气、增压外输的工艺。

气田集气系统压力级制通常分为高压集气、中压集气和低压集气三种。高压集气的压力多为 10 MPa 以上，多为井场装置至集气站的采气管线采用；中压集气的压力在 1.6~10 MPa 之间，多为集气站至处理厂的集气管线采用，其压力与下游处理厂的生产压力相适应；低压集气的压力在 1.6 MPa 以下，当不采取增压措施时则采用低压集气供给邻近用户。

集气站对汇集的原料天然气进行调压、计量、气液分离等预处理。未处理的天然气在减压时，一些饱和水会冷凝出来，因此需要采取水合物防治措施，一般采用加热或注水合物抑制剂的方式。

（二）主要耗能环节

天然气集输管道的能耗可分为消耗和损耗。消耗主要指压缩机组能耗、燃料气消耗以及管道阻力损失等在天然气集输过程中产生的能耗。这类能耗可通过采用新工艺、新技术、新设备予以降低。损耗指天然气放空、泄漏、事故等所导致的直接损失，可以采取相应措施来预防。

可以采取的节能措施有：

（1）制定合理的气田集输方案，充分利用井口压力，提高天然气采收率。

（2）采取降低管输压力损失的措施，如管道内涂层减阻、凝析油的降黏等。

（3）采用密闭输送流程和密闭清管流程，减少输送介质的排放、泄漏、蒸发损失。

（4）合理设置线路截断阀室，防止事故扩大，将输送介质漏失量控制在最小范围内。

（5）定期清管，清除管道内积液及杂质，降低管道沿程摩阻，提高输送效率。

（6）制定合理的放空程序，尽量减少维修或事故情况下的放空量。

（7）选用高效节能的耗能设备。

（8）阀门及分离、计量、调压设备选用密闭性能好、摩擦阻力小、流量系数大、耐冲刷、寿命长的产品。

（9）加强管道系统的完整性管理、风险管理、腐蚀监测，减少事故的发生。

（10）树立全面节能意识，对生产和生活用电、气、水安装计量表进行监控。

二、处理系统

气田采出的天然气中常含有固体杂质和 H_2S、CO_2 等酸性组分，会导致设备和管道的腐蚀。H_2S 是一种剧毒物质，会严重危害人体的健康和生命。天然气中饱和水的存在会加速酸性组分对管道设施的腐蚀，可能会形成水合物堵塞管道，影响正常供气。凝析油、硫醇、CO_2 等杂质含量过高会降低天然气的品质。天然气要在天然气处理厂经脱除 H_2S、CO_2、水分以及固态杂质等一系列工艺操作，以达到国家规定的外输天然气气质要求。这些脱除天然气中某种特定非烃类组分或回收凝析油等烃类产品的工厂被称为天然气净化厂。

（一）生产工艺

首先进行气液分离，接着原料气进入脱硫单元，通过脱硫溶剂脱除原料气中的酸气。常用的脱硫溶剂有一乙醇胺（MEA）、二乙醇胺（DEA）、甲基二乙醇胺（MDEA）等。此外，还有热钾碱法。但是醇胺法是目前使用最广的天然气脱酸工艺。图 2-18 为醇胺法脱硫装置的典型工艺流程示意图。

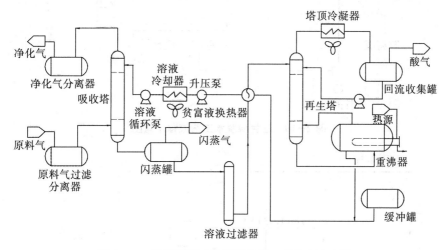

图 2-18　醇胺法脱硫装置的典型工艺流程示意图

天然气脱酸处理后需要进行脱水，以满足输气管道对天然气露点的要求。脱水常用的方法有甘醇脱水、固体干燥剂脱水以及冷凝脱水。冷凝脱水是利用高压气体节流产生的温降，使凝析油和游离水从天然气内分出来，以降低天然气的水露点和烃露点。三甘醇脱水和分子筛固体干燥剂脱水是油气田最常用的脱水方法。图 2-19 和图 2-20 分别为三甘醇脱水工艺流程示意图和分子筛固体干燥剂脱水工艺流程示意图。

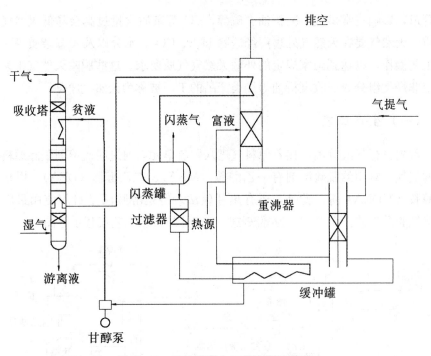

图 2—19　三甘醇脱水工艺流程示意图

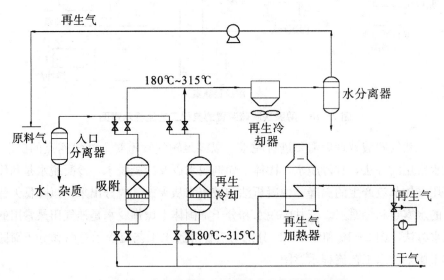

图 2—20　分子筛固体干燥剂脱水工艺流程示意图

天然气凝液回收装置主要处理经过脱水的天然气，回收其中的 C_2 以上组分，得到乙烷、液化气（或丙烷、丁烷）及轻烃等产品。常用的工艺有固体吸附法、油吸收法和冷凝分离法。

（二）主要耗能环节

天然气处理厂的燃料气消耗主要用于脱硫、脱水装置的再生加热炉、尾气焚烧炉、放空火炬等，电力消耗主要用于各类溶液循环泵、风机等。各装置可采用的节能措施主要有：

（1）脱硫（碳）和硫黄回收装置。

回收利用闪蒸气作为工厂燃料气。

利用工厂蒸汽系统带动背压式汽轮机溶液循环泵，背压蒸汽还可供重沸器使用。

选用能量回收透平回收富液部分能量。

设置余热锅炉利用过程气冷却所释放的能量。

采用高效绝热硅酸盐材料，完善保温结构，以减少热损失。

减少过程气和液硫管道长度并减少拐弯，以减少热损失。

（2）脱水装置。

充分利用高压原料气自身压力，采用节流制冷工艺，以降低能耗。

丙烷制冷节流降压过程分两步进行，减少丙烷循环量，以降低循环压缩机功率消耗。

确定适宜的干气露点、TEG 循环量、TEG 再生贫液浓度、抑制剂注入量，以优化整套装置能耗水平。

选择适宜的 TEG 循环泵，循环量在不同季节变化较大时配备变频调速器节能，循环量小则选用甘醇能量交换泵。

尽量降低贫液入泵温度，贫液冷却尽可能采用气—液换热。

采用高效 TEG 重沸器燃烧器，及时调整空气配比使其达到最佳燃烧效果。

做好重沸器及高温管线保温，以减少散热损失。

做好 TEG 溶剂保护，防止甘醇起泡降低脱水效率。

（3）天然气凝液回收装置。

确定合理的干气烃露点、原料气制冷温度或节流压力降。

优化精馏塔塔压、塔顶冷凝温度，选择适宜的塔顶回流比。

对原料气进行预冷以减少需节流的压力降或丙烷制冷系统的制冷负荷。

优化丙烷制冷系统节流降压过程，采用对制冷剂（液体丙烷）中的一小部分进行节流降压，对大部分制冷剂进一步冷却的工艺，减少丙烷循环量，以降低循环压缩机功率消耗。

脱丁烷塔底的轻质油与导热油换热，以减少脱丁烷塔底重沸器的热负荷。

选择高效原料气换热预冷器、节流设备。

做好重沸器及高温管线保温，做好低温分离器、脱乙烷塔顶及低温管线的保冷，减少能量损失。

第三章　节能管理实践

节能业务遵循"管理节能、技术节能、结构节能"的工作理念，采用先进、适用、高效、智能技术的同时，通过一系列管理手段与措施（包括节能统计、节能监测、节能评估、能源管控、能效对标、能耗定额等），提升企业用能水平。勘探与生产分公司制定的节能管理制度文件见附录1。

第一节　节能统计

建立能源统计制度是《中华人民共和国节约能源法》和《中华人民共和国统计法》的要求，也是开展油气田节能实践、完成节能节水任务的基础。中国石油集团公司制定了《中国石油天然气集团公司节能节水管理办法》和《中国石油天然气集团公司节能节水统计管理规定》，建立了相应的统计指标体系，发布了《节能节水统计指标及计算方法》等企业标准，进一步规范了节能节水统计工作。在此基础上，勘探与生产分公司于 2015 年发布了《中国石油天然气股份有限公司勘探与生产分公司节能节水管理规定》（油勘函〔2015〕63 号），从专业公司层面对节能节水统计管理作出进一步细化要求。

一、对象及任务

国家能源统计对象，是能源统计涉及的调查对象及其与能源有关的社会经济活动。一是地质勘探企业及其在生产活动中直接获得的各种能源地质储量，二是能源生产企业（包括一次能源生产企业和二次能源生产企业）及其生产经营活动中的能源产量、销售量、产成品库存量以及与此有关的其他生产经营活动量，三是能源批发、零售贸易企业（包括国内贸易和国际贸易企业）及其商品经营活动中的能源购进量（包括购进流向）、销售量（包括销售流向）、库存量以及与此有关的其他经营活动量，四是能源消费企业（单位）及其生产经营活动中的能源购进量、消费量、消费方式（包括终端消费、中间消费、具体用向等）、库存量以及与此有关的其他生产经营活动量，五是城乡居民家庭及其日常生活活动中的能源消费量，六是能源生产和消费企业（单位）能源生产、消费的效率和效益。

能源统计的任务是通过统计调查，反映能源资源、生产、流通、消费和加工转换、库存的基本状况，反映能源利用过程中的效率、效益以及能源节约情况。通过能源核算、编制能源平衡表，反映能源资源供应与需求的平衡情况和资源开采、加工、最终消费、产品（商品）流向（包括中间和最终流向）的整个情景过程。通过能源统计分析，实事求是地反映能源资源、生产、流通、消费、加工转换、效率与效益的现状、规律性以及影响社会经济发展的问题，提出政策建议。宏观上为国家和地区编制中长期能源发展规划，进行宏观调控，制定涉及能源生产、流通、消费、储备、国际合作与贸易等各项政策提供相对全面、及时、准确的依据和方便的服务，为国家能源安全战略服务。微观上为企业制定生产经营计划，加强以降低生产成本、提高经济效益为核心的科学管理服务。

作为能源生产企业和能源消费企业，油气田能源统计涉及能源产量、销售量、产成品库存量以及与此有关的其他生产经营活动量，同时也应包括能源购进量、消费量、消费方式（包括终端消费、中间消费、具体用向等）、库存量以及与此有关的其他生产经营活动量，主要针对勘探与生产分公司下属的各地区公司，同时包括各地区公司二级单位及地区分公司的下属单位三级单位。

油气田能源统计意在准确、真实、全面系统地收集和分析能源与水资源在开发、生产、储运、转换、消费等环节的数据，反映能源与水资源的经济活动和规律，为加强用能用水科学管理提供依据。

二、组织机构及职责

中国石油质量安全环保部是中国石油节能节水统计工作的综合管理部门，中国石油规划计划部负责组织制定节能节水指标体系并确定统计口径，中国石油信息管理部负责建立节能节水统计信息系统。

勘探与生产分公司质量安全环保处协同质量安全环保部负责本专业节能节水的统计分析工作，主要职责包括：

（1）依据股份公司节能节水专项规划和年度工作计划，结合勘探与生产分公司的业务发展规划、年度生产经营计划和投资计划，制订节能节水年度工作计划。

（2）按照股份公司下达的节能节水指标，制定油气田企业的节能节水考核指标，负责开展节能节水考核评价工作。

（3）负责能源和水资源消耗统计管理，组织开展重点耗能用水设备、装置、系统的节能节水监测。

（4）组织开展节能节水指标的分析和研究，筛选和推广节能节水技术，督促和检查节能节水专项投资项目的实施。

所属企业负责组织开展本企业节能节水统计工作。

中国石油节能技术研究中心负责节能节水统计数据的收集、汇总、分析，以及节能节水统计信息系统的使用和维护，并负责对油气田企业报表进行统计汇总分析，编制勘探与生产分公司节能节水统计月度报表和季度、半年及年度统计分析报告，报送至勘探与生产分公司。

三、标准及管理规定

与统计相关的各类国家标准、行业标准和企业标准进一步规范了油气用能用水统计及节能监测计算方法，为后续工作的有序开展奠定了坚实的基础。

（一）国家标准

《综合能耗计算通则》（GB/T 2589—2008）规定了综合能耗的定义和计算方法，规范了用能单位能源消耗指标的核算和管理。

《用能单位节能量计算方法》（GB/T 13234—2018）规定了用能单位节能量的分类、用能单位节能量计算的基本原则、用能单位节能量的计算方法及节能率的计算方法。

《油田企业节能量计算方法》（GB/T 35578—2017）规定了油田企业节能量的计算方法，修正了油田自然递减对生产单耗的影响，适用于油田企业节能量的计算

（二）行业标准

《油气田企业节能量与节水量计算方法》（SY/T 6838—2011）规定了油气田企业节能量和节水量计算的基本原则、计算方法，适用于油气田企业油气生产、工程技术、工程建设、装备制造等业务节能量和节水量的计算。

《石油企业耗能用水统计指标与计算方法》（SY/T 6722—2016）规定了石油企业生产耗能、用水的主要统计指标与计算方法，适用于油（气）田、长输管道及其他石油企业的耗能、用水管理。

《油田生产系统能耗测试和计算方法》（GB/T 33653—2017）规定了油田生产系统中的机械采油系统、原油集输系统、注水系统、注聚合物系统的主要

耗能设备、耗能单元以及系统的能耗测试和计算的要求及方法，适用于上述系统的主要耗能设备、耗能单元以及系统的能耗测试和计算。

（三）企业标准

《节能节水统计指标及计算方法》（Q/SY 61—2011）界定了中国石油集团公司节能节水统计指标的定义，并给出了计算方法。

（四）节能节水管理办法和统计管理规定

中国石油集团公司为加强节能节水工作，依据国家法律法规和有关规定，制定了《中国石油天然气集团公司节能节水管理办法》，其中明确了中国石油集团公司节能节水工作的主要任务：贯彻执行国家有关节能节水的法律法规和方针政策，围绕建设综合性国际能源公司的发展要求，以科学发展观为指导，坚持开发与节约并重、节约优先的原则，加快建设资源节约型企业，通过理念节能、机制节能、技术节能和管理节能，促进集团公司又好又快发展。

该管理办法规定了中国石油集团公司实行节能节水定期统计报告制度，包括季报、半年报和年报，对企业能耗统计、分析，能源消耗定额管理，能源计量管理体系，节能节水监测体系等作出了规定。

根据管理办法的相关要求，为加强中国石油集团公司节能节水统计工作，中国石油集团公司制定发布了《中国石油天然气集团公司节能节水统计管理规定》，明确了节能节水统计工作的主要任务、统计内容以及管理要求等；还特别制定了《中国石油天然气集团公司节能统计指标体系及计算方法》及《集团公司统计核算指标体系和核算方法－能源消费》等文件，准确、规范地表达了各项统计指标的含义及计算方法，适应了中国石油集团公司节能节水统计工作的需要，确保统计结果真实、全面系统地反映中国石油集团公司用能、用水情况。

四、报表体系

（一）报表体系结构

中国石油集团公司统计报表体系自 2000 年建立以来，随着节能统计工作要求的深入进行，不断修改完善，至今已形成较为完备的统计报表体系，满足了不同层级的节能节水统计管理需求。其中，油气田能耗统计报表可分为四大类：生产数据统计表、用能报表、用水报表及人员信息统计表。

油气田能耗统计体系结构如图 3-1 所示。

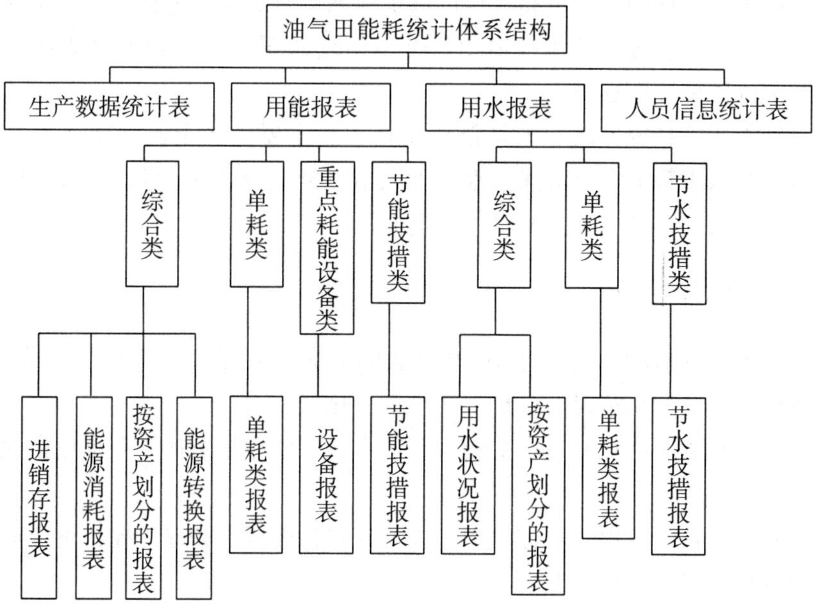

图 3-1　油气田能耗统计体系结构

（1）生产数据统计表。生产数据统计表主要统计企业生产数据情况，包括油气产量、油气商品量、产水量、产液量、钻井进尺数以及产值能耗等相关数据，是反映企业生产和能耗总体情况的综合性报表。

（2）用能报表。用能报表按照指标分类又可分为综合类报表、单耗类报表、重点耗能设备类报表以及节能技措类报表。综合类报表包括上市和未上市进销存报表、能源消耗报表、按资产划分的报表、能源转换报表，主要统计企业总体用能情况以及各业务领域用能情况、企业上市和未上市业务能源消耗情况以及企业热电厂的投入产出情况。单耗类报表主要统计企业油气生产主营业务以及供热、发电等非主营业务的用能单耗指标情况以及企业实现的节能量和节能价值量情况。重点耗能设备类报表主要统计企业在用的注水泵、输油泵、抽油机、电潜泵、压缩机、加热炉和锅炉等重点耗能设备基本情况以及监测情况和耗能量等相关数据。节能技措类报表主要统计企业在统计报告期内实施的节能技措项目基本信息及相关材料和项目实现的节能量、节能价值量等信息。

（3）用水报表。用水报表亦分为综合类报表、单耗类报表以及节水技措类报表。综合类用水报表包括企业用水量报表和各业务用水量报表以及按资产性质划分的用水量报表。综合类用水报表反映了企业整体用水情况。单耗类报表主要统计企业油气生产主营业务以及供热、发电等非主营业务的用水单耗指标情况以及企业实现的节水量和节水价值量情况。节水技措类报表主要统计企业在统计报告期内实施的节水技措项目基本信息及相关材料和项目实现的节水量、节水价值量等信息。

（4）人员信息统计表。人员信息统计表，主要统计企业节能节水主管领导、节能节水主管处室、节能节水管理人员以及统计人员的基本信息等资料。企业相关人员发生变化时应及时进行更新。

（二）统计范围

（1）统计分析勘探板块及16家企业的能源消耗量、单耗指标、节能量、节水量等指标的变化情况，分析用能指标变化的原因。

（2）按季度对能耗总量、节能量、节水量、商品量单耗4个重点指标进行预警分析。

（3）跟踪各油气田"双控"指标和考核目标签订及完成情况，不定期发布企业"双控"指标完成情况。

（三）统计周期

目前，勘探与生产分公司共计16家企业纳入节能节水统计范围，节能节水统计报表的上报周期分为月报、季报、半年报和年报。

月报：每年2月、3月、5月、6月、8月、9月、11月、12月上报。

季报：每年4月、10月上报。

半年报：每年7月上报。

年报：次年1月上报。

（四）统计报表体系

中国石油集团公司统计报表体系自2000年建立以来，随着节能统计工作要求的深入进行，不断修改完善，至今已形成较为完备的统计报表体系，满足了不同层级的节能节水统计管理需求。中国石油集团公司统计报表体系可分为综合类、用能量和用水类三大类。

五、指标计算

(一) 能源消费量

能源消费是指为了达到一定目的，将能源用作燃料、原料、材料、动力等的过程；对于某个能源品种而言，也包括用作加工转换的过程。能源消费统计主要反映能源消费的数量、质量和构成情况，能源消费与能源资源、能源生产、能源流转、能源运输、能源储备之间都有一定的相互关系。

1. 能源消费量

能源消费量是指能源使用单位在报告期内实际消费的一次能源或二次能源的数量。各种能源折标准量相加所得到的能源消费量合计数据是企业投入消费的全部能源，没有扣除能源品种加工转换的重复因素。

能源消费量统计的原则：谁消费、谁统计，即不论其所有权的归属，由哪个单位消费，就由哪个单位统计消费量；在计算综合能源消费量时，不应重复计算，应扣除二次能源的产出量和余热、余能的回收利用量；耗能工质（如水、氧气、压缩空气等），不论是外购的还是自产自用的，均不统计在能源消费量中（计算单位产品能耗时除外）；企业自产的能源，凡作为企业生产另一种产品的原材料、燃料，又分别计算产量的，消费量要统计，如煤矿用原煤生产洗煤、炼焦厂用焦炭生产煤气、炼油厂用燃料油发电等。但产品生产过程中消费的半成品和中间产品不统计消费量，如炼油厂用原油生产出半成品后，又用半成品生产其他石油制品，在这种情况下，如果半成品不属于产量统计范围内的产品，则不需要计算消费量。

2. 工业企业综合能源消费量

工业企业综合能源消费量是指工业企业在工业生产和非工业生产过程中实际消费的各种能源的总和。计算工业企业综合能源消费量时，需要先将使用的各种能源折算成标准燃料后再进行计算。它在不同的企业有不同的算法：

(1) 没有回收能利用的非能源加工转换工业企业。

$$企业综合能源消费量 = 各种能源消费（折标煤）的合计$$

(2) 有回收能利用的非能源加工转换工业企业。

$$企业综合能源消费量 = 各种能源消费（包括回收能消费，折标煤）的合计 - 回收能利用量（折标煤）$$

(3) 没有回收能利用的能源加工转换工业企业。

企业综合能源消费量＝各种能源消费（包括能源加工转换的投入量，折标煤）的合计－能源加工转换产出量（折标煤）的合计

（4）有回收能利用的能源加工转换工业企业。

企业综合能源消费量＝各种能源消费（包括能源加工转换的投入量和回收能消费量，折标煤）的合计－能源加工转换产出量（折标煤）的合计－回收能利用量（折标煤）的合计

（二）能源加工转换

能源加工转换是指为了特定的用途，将一种能源（一般为一次能源）经过一定的工艺流程，加工或转换成另一种能源（二次能源）。能源的加工与转换，既有联系，又有区别。

能源加工，是能源物理形态的变化，加工前后构成能源的主体物质的化学属性和能量形态不发生变化。比如用蒸馏的方式将原油炼制成汽油、煤油、柴油等石油制品，用筛选、水洗的方式将原煤洗选成洗煤，以焦化方式将煤炭高温干馏成焦炭，以气化方式将煤炭气化成煤气，等等。经这些方法加工前后的能源化学属性和能量形态均未发生质的变化。

能源转换，是能源化学属性和能量形态的变化，转换前后构成能源的主体物质的化学属性或能量形态发生了变化。比如经过一定的工艺过程，将煤炭、重油等转换为电力和热力，将热能转换为机械能，将机械能转换为电能，将电能转换为热能；用裂化工艺将重油裂解为轻质油；用一定工艺将煤炭转化为柴油等。

1. 加工转换投入量

加工转换投入量指生产二次能源的企业，向能源加工转换装置投入的各种能源数量，例如，火力发电的投入量指火力发电机组消耗的燃料量，供热投入量指供热锅炉消耗的燃料量，炼油投入量指石油炼油装置加工的原油量或原料油量，天然气液化投入量指气态天然气进入液化装置的量，煤制品加工投入量指原料煤使用量。加工转换投入量不包括厂内的生产工艺、维修、照明等的消费量，不包括电厂的厂用电量，这部分用能直接计入终端消费。

2. 加工转换产出量

加工转换产出量指经过能源加工转换装置产出的二次能源产品及其他石油

制品和焦化产品，包括：火力发电产出的电力（火电动机组的发电量），生产企业对外提供的热力（蒸汽、热水），洗煤产出的洗精煤和其他洗煤，炼焦产出的焦炭、焦炉煤气和其他焦化产品，天然气液化产出的液化天然气（液态天然气），煤制品加工产出的煤制品（煤球、蜂窝煤、水煤浆等）。

3. 工业企业回收能利用量

工业企业回收能利用量指企业从排放的废气、废液、废渣及其余热以及工艺过程的温差、压差等所含的能量中回收利用的能源量（能量），包括：把废气、废液、废渣及其余热，直接作为燃料、热力利用的能源量，比如将高炉煤气、煤矸石、蔗渣等直接用作燃料，类似于热力的蒸汽、热水（回收后没有再升温）直接用于供热，等等；把排放的废气、废液、废渣以及工艺过程的温差、压差等所含的能量，作为能源加工转换的投入量，生产能源类产品，比如用于生产电力、热力、燃气、固体和液体燃料等；余热、余能以及上述加工转换的能源产品的对外供应量。

（三）能源消耗量

能源消耗量是指规定的能耗体系在一段时间内，实际消耗的各种能源实物量按规定的计算方法和单位分别折算为标准煤后的总和，不包括原料量以及该耗能体系向外提供的自产二次能源数量。

能源消耗量有两种统计方法：一种简称购入法，另一种简称终端法。通常采用购入法进行能源消耗量的统计和折算。

购入法就是按购入能源消费（耗）量进行能源消费（耗）统计。依据国家有关能源统计规定，所谓购入能源消费（耗）量，是指报告期内企业生产过程中实际消费（耗）的本年及本年以前购入的（包括借入和调剂串换）各种一次能源和二次能源，包括：产品生产过程中用作原料、材料、燃料动力和工艺的能源，用于加工转换二次能源的消费（耗）量，辅助生产系统和附属生产系统消费（耗）的能源以及更新改造措施消费（耗）、新产品试制消费（耗）的能源。一次能源生产企业用于本企业生产方面的自用量（如油气田自用原油和天然气，煤矿自用原煤等）视同购入量，统计在购入能源消费（耗）量中。

由于石油石化企业只是对自身能源消耗量进行统计，而不是像国家或地区的能源统计需要考虑能源消费（耗）的整体平衡问题，所以结合石油石化企业的具体情况，对上述购入能源消耗量的含义调整如下：

购入能源消耗量，是指报告期内企业生产过程中实际消耗的本年及本年以前购入的各种一次能源和二次能源，包括产品生产过程中用作燃料动力、材料和生产非能源产品的原料，以及工艺用能；辅助生产系统和附属生产系统消耗的能源以及更新改造措施消耗、新产品试制消耗的能源。

购入能源消耗量不包括：

（1）自产自用的二次能源。如企业自备热电厂生产的电力和热力，如果企业全部自用，这部分电力和热力就不包括在购入能源消耗量中，而只计算发电制热时投入的能源（如原煤、燃料油等），否则会造成企业能源消耗量的重复计算。

（2）各种余热、可燃性气体等余能的回收利用量。目前，我国余能还没有得到充分利用，为鼓励企业充分利用余能资源，规定各种余能的回收利用量不做消耗统计。

（3）生活用能。生活用能指企业附属生产以外的职工和居民生活用能。目前，企业还需要完善能源计量仪表，才能做到把生活目的用能与生产目的用能严格区分开来，分别计量，分别考核。

（四）节能量

节能量是指企业在一定时期内，为获得同样或相等的生产效果（如产量或产值）而使能源消耗减少的数量。企业节能量一般分为产品节能量、产值节能量、技术措施节能量、产品结构节能量和单项能源节能量等。

节能量计算的基本原则：节能量计算所用的基期能源消耗量与报告期能源消耗量应为实际能源消耗量；节能量计算应根据不同的目的和要求，采用相应的比较基准；当采用一个考察期间能源消耗量推算统计报告期能源消耗量时，应说明理由和推算的合理性；产品产量（工作量、价值量）应与能源消耗量的统计计算口径保持一致；企业对不同业务可采用不同的方法计算节能量，但对相同业务的计算方法应统一。

油气田企业节能量是油气田企业统计报告期内能源消耗量与按比较基准计算的能源消耗量之差。油气田企业总节能量可为不同业务节能量独立计算之和。

产品节能量是用统计报告期产品单位产量能源消耗量与基期产品单位产量能源消耗量的差值和报告期产品产量计算的节能量。

产值节能量是用统计报告期单位产值能源消耗量与基期单位产值能源消耗量的差值和报告期产值计算的节能量。计算用的产值应按可比价格计算，便于与基期作对比。

技术措施节能量是企业实施技术措施前后能源消耗变化量。

（五）单耗指标

油气田单耗类指标主要包括万元工业产值综合能耗、万元增加值综合能耗、单位油气当量生产综合能耗、单位油气当量液量生产综合能耗、单位原油（气）生产综合能耗、单位原油（气）液量生产综合能耗、单位油（气）生产电耗、单位采油（气）液量电耗、单位油气集输综合能耗、单位注水量电耗、单位气田生产综合能耗、单位天然气净化综合能耗、单位气田采集输综合能耗等。

（1）万元工业产值综合能耗。

万元工业产值综合能耗指企业工业综合能源消费量与以万元为单位的工业总产值的比值。

（2）万元增加值综合能耗。

万元增加值综合能耗指企业综合能源消耗量与以万元为单位的增加值的比值。

（3）单位油气当量生产综合能耗。

单位油气当量生产综合能耗指油气田生产能源消耗量与油气当量产量的比值。

（4）单位油气当量液量生产综合能耗。

单位油气当量液量生产综合能耗指油气田生产能源消耗量与油气当量产液量（原油、天然气当量产量和产水量之和）的比值。

（5）单位原油（气）生产综合能耗。

单位原油（气）生产综合能耗指油田生产能源消耗量与原油和伴生气当量产量的比值。

（6）单位原油（气）液量生产综合能耗。

单位原油（气）液量生产综合能耗指油田生产能源消耗量和产液量（原油、伴生气当量产量和产水量之和）的比值。

（7）单位油（气）生产电耗。

单位油（气）生产电耗指油田生产用电量与原油和伴生气当量产量的比值。

（8）单位采油（气）液量电耗。

单位采油（气）液量电耗指原油（气）从井下举升到井口的用电量和产液量的比值。

（9）单位油气集输综合能耗。

单位油气集输综合能耗指原油（气）从井口产出到合格原油和天然气外输首站整个过程（包括油气集输和处理）的能源消耗量与产液量的比值。

（10）单位注水量电耗。

单位注水量电耗指油田开采用于驱油的注水用电量与注水量的比值。

（11）单位气田生产综合能耗。

单位气田生产综合能耗指气田在开采、收集、预处理、净化天然气过程中的各种能源消耗量（包括采气、集气、增压、配气、输气、清管、阴极保护、脱水、单井脱硫、净化、生产管理等过程消耗的各种能源）与气田天然气产量的比值。

（12）单位天然气净化综合能耗。

单位天然气净化综合能耗指气田企业在天然气净化生产过程中消耗的各种能源的总和（包括天然气净化生产装置、辅助生产系统及附属系统消耗的各种能源）。

（13）单位气田采集输综合能耗。

单位气田采集输综合能耗指气田在开采、收集、预处理天然气过程中的能源消耗量（包括采气、集气、增压、配气、输气、清管、阴极保护、脱水、单井脱硫、生产管理等过程消耗的各种能源）与气田天然气产量的比值。

第二节　节能监测

油气田节能监测机构根据年度监测计划及有关节能法律、法规和技术标准，对机泵、加热炉、锅炉等开展测试和评价，积累了大量的节能监测原始数据和资料。节能监测工作的开展，促进了企业能源利用效率的不断提高，为企业加强节能管理、实施节能技术改造提供了可靠依据，为中国石油集团公司完成节能节水目标作出了贡献。

一、基本要求

（一）节能监测的定义

节能监测是指具有监测能力与资质的节能监测机构，经上级节能主管部门授权与委托，依据国家有关节能法律、法规（或行业、地方的规定）和技术标准，对能源利用状况进行监督、检查、测试和评价以及对浪费能源的行为提出处理意见和建议等执法活动的总称。

（二）节能监测的目的和意义

节能减排是国家发展经济的一项长远战略方针，节能主管部门委托节能监测机构对用能单位的能源利用状况进行监测的目的是加强国家对节约能源的宏观管理，监督有关节能法规的贯彻落实情况，促进节能降耗，提高经济效益，保证国民经济的可持续发展。

节能监测是政府推动能源合理利用的一项重要手段，其通过设备测试、能质监测等技术手段，对用能单位能源利用状况进行定量分析，依据国家有关能源法规和技术标准对用能单位的能源利用状况作出评价；对浪费能源的行为提出处理意见，加强政府对用能单位合理利用能源的监督。

（三）节能监测范围

节能监测范围主要为：

（1）定期对重点用能单位进行综合节能监测。综合节能监测是指对用能单位整体的能源利用状况进行的节能监测。

（2）对用能单位的重点用能设备进行单项节能监测。单项节能监测是指对用能单位能源利用状况中的部分项目进行的监测。

（四）标准规范

油气田开展节能监测和节能评价依据的标准主要分为测试依据标准和监测结果考核评价依据标准两大类，主要使用标准见附录 1。同时，为了加强中国石油天然气股份有限公司的节能节水监测工作，促进节能节水降耗，提高经济效益，依据《中国某某天然气股份有限公司节能节水管理办法》，制定了《中国石油天然气股份有限公司节能节水监测管理规定》，规定了股份公司节能节水监测工作任务，及主要内容、归口管理、监测程序等。

二、组织机构及职责

中国石油集团公司承担油气田节能监测任务的机构有 14 个，其中集团公司级的有 3 个，地区公司级的有 11 个，详见表 3-1。

表 3—1　集团公司节能监测机构一览表

序号	层级	监测机构名称	行政隶属机构
1	集团公司级	中国石油天然气集团公司节能技术监测评价中心	中国石油大庆油田公司技术监测中心
2		中国石油天然气集团公司东北油田节能监测中心	中国石油辽河油田公司安全环保技术监督中心
3		中国石油天然气集团公司西北油田节能监测中心	中国石油新疆油田公司实验检测研究院
1	地区公司级	中国石油吉林石油集团石油工程有限责任公司节能监测站	中国石油吉林油田公司勘察设计院
2		中国石油大港油田公司检测监督评价中心节能监测站	中国石油大港油田公司检测监督评价中心
3		中国石油华北油田公司节能监测站	中国石油华北油田公司技术监督检验处
4		中国石油冀东油田公司节能监测站	中国石油冀东油田公司开发技术公司
5		中国石油西南油气田公司环境节能监测技术研究所	中国石油西南油气田公司安全环保与技术监督研究院
6		中国石油西南油气田公司重庆环境节能监测中心	中国石油西南油气田公司重庆气矿
7		中国石油西南油气田公司川西北环境节能监测中心	中国石油西南油气田公司川西北气矿
8		中国石油长庆油田公司环境与节能监测评价中心	中国石油长庆油田公司技术监测中心
9		中国石油玉门油田公司节能监测站	中国石油玉门油田公司钻采工程研究院
10		中国石油青海油田公司节能监测中心	中国石油青海油田公司钻采工艺研究院
11		中国石油吐哈油田公司技术监测中心节能监测站	中国石油吐哈油田公司技术监测中心

（1）中国石油天然气集团公司节能技术监测评价中心。该机构隶属于中国石油大庆油田公司技术监测中心，现有员工 50 人，职称构成为高级工程师 5 人、中级职称 28 人、初级职称 13 人，中高级职称技术人员占人员总数的 66%；员工平均年龄为 41 岁，40 岁以下人员有 29 人，占人员总数的 58%。

中心下设 4 个科室：热工室、机电室、能效评价（理化）室和综合办公室。可开展用能设备节能监测与测试、燃料检验、建筑节能测试、用能设备测试检验（电动机、变压器、变频器）四大类 27 种设备及系统 120 项参数的测试、分析、评价工作。

（2）中国石油天然气集团公司东北油田节能监测中心。机构又称中国石油天然气股份有限公司油田节能监测中心，是中国石油集团公司、勘探与生产分公司直属的节能监测机构之一。业务上接受集团公司质量安全环保部、勘探与生产分公司安全环保处指导，行政上归辽河油田公司安全环保技术监督中心领导。中心成立于 1989 年，2004 年被股份公司冠名为中国石油天然气股份有限公司油田节能监测中心，2010 年被中国石油加冠为中国石油天然气集团公司东北油田节能监测中心，2014 年通过实验室资质认定复审、扩项，2017 年完成检验检测机构资质认定现场复评审。中心有员工 18 人，其中高级职称 5 人，中级职称 8 人，初级职称 2 人。中心通过了由国家认监委颁发的资质认定计量认证证书和全国节能监测管理中心颁发的节能监测证书，并经国家质量监督检验检疫总局、辽宁省经信委授权取得工业锅炉能效检测资质、能源审计甲级机构资质及节能评估甲级机构资质，具备供热设备节能监测、用电设备节能监测、生产系统节能监测和节能综合评价的能力。

（3）中国石油天然气集团公司西北油田节能监测中心。该机构成立于 1984 年，前身是新疆石油管理局能量平衡测试中心，1998 年被中国石油冠名为中国石油天然气集团公司西北油田节能监测中心。中心设机电测试室、热工测试室、理化分析室、技术质量室，有员工 15 人，其中高级工程师 7 人，工程师 4 人，助理工程师 4 人。中心获得国家资质认定证书、节能监测证书。授权在自治区范围内开展工业企业、石油石化行业节能报告编制和能源审计等节能技术服务，授权为新疆维吾尔自治区绿色制造服务机构。可开展五大类 30 项 119 个指标参数的测试，其中燃料加热设备 4 项，设备及管道保温与散热 7 项，电能利用设备监测 15 项，燃料检测 3 项，企业用水测试 1 项。目前可开展节能监测评价、节能节水培训、能源审计、节能审查、节能研究与咨询、节能后评价、绿色制造技术服务等业务。

三、主要耗能设备监测情况

"十三五"期间，中国石油直属的节能技术监测评价中心、东北油田节能监测中心、西北油田节能监测中心等 3 家监测中心和吉林石油集团石油工程有限责任公司节能监测站、大港油田检测监督评价中心节能监测站等 11 家地区公司所属监测站（中心）共监测加热炉 3520 台、注水系统 375 套、注水机组 803 台、输油泵 1414 台、天然气压缩机 22 台和抽油机井 41129 口。

（一）注水系统节能监测情况

中国石油集团公司授权的 14 家节能监测机构，在 2016 年对 15 家油气田公司注水系统进行了节能监测，主要考核指标包括系统效率、机组效率。2007—2016 年注水系统节能监测考核指标合格率对比图如图 3－2 所示（注：2007 年未开展注水系统整体评价工作）。

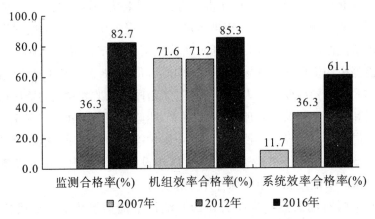

图 3－2　2007—2016 年注水系统节能监测考核指标合格率对比图

1. 监测结果分析

（1）部分注水泵机组平均效率偏低。部分注水泵机组未采用节能型高效电动机，电动机损耗大；部分小排量离心式注水泵的使用，导致注水泵机组效率偏低，在满足流量、压力要求的前提下，应优先选用大排量离心泵，这样会更加经济、可靠；离心泵腐蚀老化情况较为严重，设备故障率高，导致出口压力低、注水泵机组效率不合格；注水泵机组低负荷运行，导致机组效率低。

（2）部分注水系统管网损失大。注水系统压力等级未根据工艺需要进行调整优化；部分注水系统的注水半径过大，有的甚至超过 10.0 km。

（3）部分注水系统的整体系统效率偏低。注水泵偏离高效区运行，注水泵管网之间的匹配不合理，注水站、管网、阀门等配置不合理，从而导致注水系统效率较低；不同时期、不同开发阶段油田对注水量的变化要求，使开发预测注水参数与实际注水参数产生差异，导致注水泵配置不合理，而生产运行方案未及时调整，造成系统效率降低。

2. 整改建议

日常管理方面：完善管理制度，制定年度考核目标，强化责任落实、强化监督检查。同时开展节能、节水宣传教育，强化节能意识，提升节能理念。加强管理，注水系统节能管理由专人负责，注配间设备安排专人管理并及时维护维修，加强职工对注水系统相关知识、技能的学习，提高职工的操作水平与责任心。

技术措施方面：更新更换设备；应通过管道防垢、除垢、改造、更换等方式，优化注水管网；结合注水泵机组站间调配等手段，降低泵管压差，减少回流，提高注水泵机组的运行效率；优选注水泵大修、注水泵涂膜、使用柱塞泵等方法，提高注水泵机组效率；对治理压力异常的注水井，应合理调整注水压力；以控注为基础，强化无效注水治理；进行系统综合优化调整，降低系统总压差及注水能耗。认真分析系统注水井压力分布，对于局部注水井压力过高的注水系统，考虑在局部实施区域增压工艺，从而降低整个系统压差带来的能量损耗，提高系统运行效率，方便生产管理。

（二）输油泵和压缩机节能监测情况

2017 年，中国石油集团公司授权的 14 家节能监测机构对 16 家油气田企业的输油泵、天然气压缩机进行了节能监测。监测输油泵 1414 台（其中使用调速技术 1111 台，非调速技术 303 台），节能监测合格设备 974 台，合格率为68.9％。2008—2017 年输油泵和压缩机节能监测考核指标合格率对比图如图 3-3 所示（注：2008 年未开展节输油泵节流损失率评价工作）。

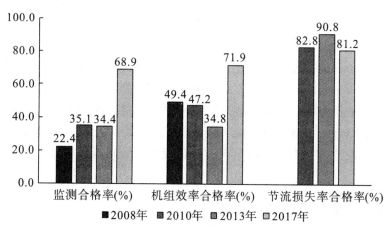

图 3-3　2008—2017 年输油泵和压缩机节能监测考核指标合格率对比图

2017 年监测 22 台天然气压缩机，评价指标合格台数为 15 台，合格率为 68.2%；不合格台数为 7 台，具体见表 3-2。

表 3-2 2017 年天然气压缩机节能监测结果

序号	设备名称	时间（年）	监测数量（台）	机组效率平均值（%）	合格数量（台）	合格率（%）
1	天然气压缩机	2017	22	20.8	15	68.2

1. 监测结果分析

（1）输油泵存在的主要问题。随着油田开发的年限增加，外输泵的输液量的减少，额定排量未改变，部分输油泵排量较低，使输油泵负荷降低，导致输油泵机组效率降低；部分输油泵采用出口阀门控制排量，没有使用变频器，节流损失较大；输送介质多为油水混合液，易造成输油泵腐蚀结垢，增加输送阻力，降低输油泵机组效率。部分输油泵与电动机设计不匹配，存在电动机负载率较低的现象，输油泵机组有功功率与额定功率比值不到 10%。

（2）天然气压缩机存在的主要问题。部分压缩机负荷率偏低；个别压缩机排气压力偏离额定工况；同时另一部分天然气压缩机燃气轮机热效率偏低，导致机组效率相对较低。经分析主要影响因素：一是配风总量偏大。配风总量偏大时，将降低燃气的温度，虽然适当降低温度可以降低对叶片机械强度的要求，提高安全系数，但燃气温度偏低将直接降低燃气的做功能力；二是配风总量恰当，但分配比例欠佳，用于燃烧的空气量不足，造成天然气燃烧不充分。

2. 整改建议

（1）输油泵改进。合理制定输油泵的输油计划和开机方案，提高输油泵负荷，实现输油泵优化运行；加强变频设备的使用和管理，设定合理频率范围，使泵在高效区间运行；加强设备现场维护，定期检查输油泵机组，清洗过滤网和叶轮；有条件的情况下，对额定功率较大的电动机进行更换，对泵进行减级或更换小排量的输油泵，以杜绝"大马拉小车"的现象。

（2）压缩机改进。采取措施提高压缩机负荷率，做好多台机组运行方式的优化管理；结合气田增压开采规律，通过调节余隙尺寸、改变压缩缸单双作用方式、气缸改造等措施，提高单台机组负荷率；做好压缩机组设备管理基础工作。

（三）抽油机节能监测情况

2018 年，中国石油集团公司授权的 14 家节能监测机构对 16 家油气田企

业 41129 口抽油机井进行抽测，最终对 40415 口抽油机井进行了评价。监测抽
油机井的系统效率平均值为 24.9%，合格率为 72.8%。2009—2018 年抽油机
节能监测考核指标合格率对比图如图 3-4 所示。

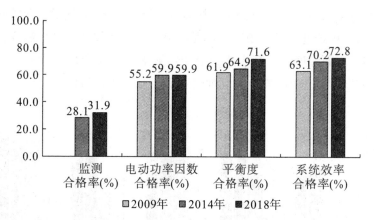

图 3-4　2009—2018 年抽油机节能监测考核指标合格率对比图

1. 监测结果分析

近年来，各油田在机采系统运行管理上都给予了高度重视，加大了投资力
度，通过工艺改造、设备更新选型、就地无功补偿和变频控制等装置的实施并
加强现场运行管理，各项指标合格率均有显著提高。

但是有部分指标下降比较明显，主要原因：一是油田开发已进入中后期，
油井产液量自然递减，部分油井产液量较低，导致抽油机系统效率降低；二是
部分油井选择的抽油机型过大，装机功率过大，油田开采的时间越长，出现
"大马拉小车"的现象越多，结果是电动机负载率低，设备长期处于低效区域
运行，影响整体运行效率；三是抽油机的控制柜大部分没有安装任何提高功率
因数的节能措施，有的无功补偿装置不能正常投入使用或者已经损坏，导致无
功损耗较大；四是部分抽油机平衡调节不及时、不到位，平衡状况差，造成能
耗浪费严重。

2. 整改建议

优化抽油机的运行方式，可以降低抽油机的冲次，以提高泵的充满度，对
于供液不足井，可考虑智能间开或转为提捞方式开采；根据抽油机的实际运行
负荷，合理地设计抽油机的电动机容量，降低电动机的自身损耗，提高电动机
的负载率；对功率因数低、未进行无功补偿的抽油机安装无功补偿装置，进一
步提高抽油机电动机的功率因数；加强平衡度的监测力度，对老式抽油机井进

行平衡方式改造，使抽油机始终运行在较好的平衡区域。

（四）加热炉节能监测情况

2019 年，勘探与生产分公司组织具有资质的 14 个油气田节能监测机构共对 3520 台加热炉进行了现场测试，考核指标包括热效率、排烟温度、空气系数、炉体外表面温度等，其中达到节能监测指标总体合格的设备为 2307 台，合格率为 73.2%。2010—2019 年加热炉节能监测考核指标合格率对比图如图 3-5 所示。

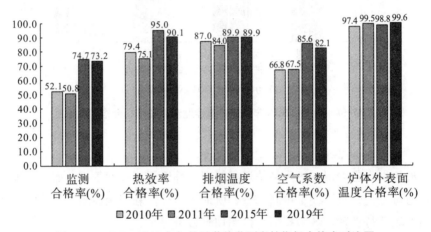

图 3-5　2010—2019 年加热炉节能监测考核指标合格率对比图

1. 监测结果分析

（1）加热炉空气系数不合格，影响燃烧效果。一是加热炉风量调节不能随着负荷量、气候及燃烧情况的变化而及时改变，致使烟气量增大，烟气带走热量增多，燃烧不完全；二是燃烧器逐渐老化使加热炉燃烧状况不稳定；三是部分加热炉存在进风调节板、烟囱挡板锈蚀与损坏现象，使加热炉配风无法正常调节。

（2）排烟温度过高导致加热炉热效率降低。一是燃烧器参数调整不合理，致使配风量过大，热量未充分交换即被带出炉膛，降低了换热效率；二是炉膛、烟道有积灰、结焦现象，导致加热炉受热面导热系数降低，影响传热效果。

（3）炉体外表面温度超过限定值。部分加热炉炉体外表面保温层破损严重，存在大量空隙，热量容易流失，造成炉体局部出现高温，表面散热过大。

（4）加热炉运行状况差造成能耗浪费严重。由于油田的持续开采，产能逐年下降，原有加热炉设计容量已超出现有产能，使加热炉运行热负荷较低，加热炉处于低效运行状态，造成热效率低；部分地区出现多台加热炉对同种加热介质进行加热的现象，使加热炉运行热负荷降低。

2. 整改建议

加热炉的热效率与空气系数、排烟温度、炉体外表面温度等指标是密不可分的，任何一项指标的降低，都将影响加热炉的热效率。要提高加热炉的热效率，降低能耗水平，应做好以下几个方面的工作：

（1）降低加热炉排烟温度。加强现场加热炉的维修保养，及时对加热炉的炉膛、烟道进行清灰，提高加热炉的换热效率，降低排烟温度；使用化学药剂对盘管内壁结垢进行清理；在条件具备的情况下，对排烟温度高的加热炉可采取余热回收工艺，对高余温进行再次利用，提高热效率。

（2）优化加热炉的空气系数。加强燃烧器的现场维护，合理调整燃烧器参数，使燃烧器始终处于良好的使用状态。有计划、有针对性地推广全自动燃烧器，应用节能燃烧技术，达到燃烧完全，实现能耗的下降。

（3）加强炉体保温的日常维护。日常注重加热炉炉体保温的现场维护，发现保温破损处及时进行整改，从而减少散热损失，使加热炉处于良好的运行状态。

（4）优化加热炉的设备运行。强化生产过程的精细管理，合理调整加热工艺，按照加热炉运行负荷的变化，根据不同季节温度配置运行台数，避免加热炉低效运行。在条件允许的情况下，提高新型节能高效型加热炉的使用率，提升加热炉的热效率。

（5）加强节能监测数据的深度分析。各油气田企业要在做好监测工作的基础上，及时将监测结果反馈给被测单位，并结合监测数据和生产工艺现状，开展能源审计，分析节能潜力和挖掘节能改造方向。

第三节　节能评估

节能评估是固定资产投资项目节能评估和审查的简称，作为一项节能管理制度，通过能评工作让决策单位从项目的源头开始树立合理用能的意识，严把项目能源准入关，是实现从源头控制能耗增长、增强用能合理性的重要手段，也是提高项目固定资产投资效益、促进经济增长方式转变的必要措施。

一、国家要求

固定资产投资项目在社会建设和经济发展过程中占据重要地位，对能源资源的消耗也占较高比例。固定资产投资项目节能评估和审查工作作为一项节能管理制度，对深入贯彻落实节约资源基本国策，严把能耗增长源头关，全面推进资源节约型、环境友好型社会建设具有重要的现实意义。

2010年，国家发展和改革委员会制定发布了《固定资产投资项目节能评估和审查暂行办法》（发改委6号令）（简称"暂行办法"），要求固定资产投资项目在开工建设前必须进行节能评估和审查，并将其作为项目开工建设的前置条件。为了加强对"暂行办法"的深入理解，国家节能中心发布了相应的工作指南，并不断进行更新和完善。2011年，国家节能中心相继发布了《固定资产投资项目节能评估工作指南（2011年本）》。为进一步适应形势需要，挖掘能评制度潜力，促使能评规范深入开展，2014年，国家发展改革委资源节约和环境保护司、国家节能中心在总结前期应用实践效果和工作经验的基础上，推出了《固定资产投资项目节能评估和审查工作指南（2014年本）》，并于2014年5月正式出版发行。该版本从"面"上明确能评报告的编排、章节内容等，同时在"点"上切入，指出评估重点和要点等，点面结合，为能评工作者提供更专业、更实用、更具针对性的指导。此外，为了促进"暂行办法"的进一步深入贯彻和落实，国家相继出台了一系列鼓励政策和措施。随着能评工作的逐步推广，以及人们对能评工作在实施过程中存在的诸多问题的不断研究和探讨，节能评估的相关理论研究以及推广实践等工作已经步入较为成熟的阶段。为了进一步促进各行业领域的相关企业能够更合理、高效地开展节能评估工作，2017年，国家发展和改革委员会在原"暂行办法"的基础上，结合近年来节能评估工作的发展情况和实践经验对节能评估流程进行了简化，并重新界定了企业需要开展固定资产投资项目节能评估工作的条件，修订形成了《固定资产投资项目节能审查办法》（发改委44号令）（简称"节能审查办法"），并于2017年1月1日正式施行，原"暂行办法"同时废止。"节能审查办法"的发布实施，标志着我国节能评估工作进入了一个更加科学、规范、务实、有效的全新阶段。

二、工作开展情况

在2010年9月"暂行办法"发布之后，为响应和落实好国家的有关要求，中国石油集团公司于2010年12月下发了《关于做好固定资产投资项目节能评估和审查工作的通知》，统一规范了集团公司建设项目的能评工作。随后，中国石油集团公司分别于2012年、2013年先后制定了《中国石油天然气集团公司建设项目其他费用和相关费用规定》《中国石油天然气集团公司固定资产投资节能评估和审查管理办法（试行）》等文件，对节能评估工作的取费标准、评估及审查流程、实施细则等进行了较详细的规范和要求。在国家及集团公司下发相关文件后，各油气田企业依据上述文件并结合所在地区的区域规划等要求，制定发布了相应的能评工作指导文件。

塔里木油田是最早开展固定资产投资项目节能评估工作的油气田企业。2010 年，油田组织各路专家，起草发布了《工业类固定资产投资项目节能评估通则》《油田类固定资产投资项目节能评估导则》《气田类固定资产投资项目节能评估导则》共 3 个配套评估标准，主要针对油田类固定资产投资项目和气田类固定资产投资项目，基本能够代表油气田企业的主流业务。标准注重对整个项目工艺节点的划分，如将油田项目人为划分为采油系统、集输系统、注水系统、辅助及附属生产系统等，同时集输系统又分为原油收集、原油脱水、原油储运、原油稳定、伴生气集输、伴生气处理等多个用能单元，注水系统包括水质处理单元和注入单元。标准中要求对各系统、各单元工艺技术水平和用能水平分节点进行评估，这样在进行项目整体评估时就更为容易而且思路清晰，同时如果被评估的项目仅仅是油气田产能建设项目的一部分，该标准同样具有很强的实用性。塔里木油田编制了"塔里木油田生产系统能效指标体系"，建立了涵盖 6 项重点用能设备指标、9 项原油生产工序单耗、7 项天然气生产工序单耗、2 项油气集输单耗、3 项燃机发供电单耗以及 3 项矿区服务单耗的指标体系，为判断建设项目设计能效或能耗水平提供了依据。截至 2018 年年底，塔里木油田针对 25 个重点工程项目开展节能评估工作，累计提出节能技术措施 80 余项，预测节能量 6.2×10^4 tce。塔里木油田以其科学的管理方法和丰富的实践经验，成为石油企业开展节能评估工作的成功典范和领跑者。

西南油气田于 2011 年制定发布了《西南油气田分公司固定资产投资项目节能管理暂行办法》，下发了《西南油气田分公司固定资产投资项目节能评估费用标准》。2013 年，西南油气田修订发布了《西南油气田分公司固定资产投资项目节能管理实施细则（试行）》。该细则从工作职责、节能评估、节能审查和工作流程等方面，按照中国石油集团公司的管理要求，进一步明确了管理对象，规范了节能评估管理工作流程，加强了建设项目能耗状况及节能措施落实情况的评估和监督。从 2011 年开始，西南油气田先后完成了磨溪区块龙王庙组气藏试采净化厂工程、安岳气田磨溪区块龙王庙组气田开发地面工程（一期、二期）等重点工程的节能评估。截至 2018 年年底，西南油气田共计开展节能评估 100 余项，提出节能措施 200 余条，每年可实现节能效益 12005.45 tce、经济效益 1483.99 万元。

新疆油田制定了《新疆油田公司基本建设工程重点节能指标要求》，明确了机采、注水、集输等主要生产系统的 17 项节能设计要求和 18 条限定指标，并对 12 类油田主要设备划分了限定值，组织完成了 67 项产能建设项目和 34 项老油田改造项目的节能评估及审查，共提出能评措施 167 条，为新建项目的高效运行和有效益、可持续发展奠定了基础。

随着能评工作的日益推广和深入，在上述已开展能评工作的各油气田企业的带领下，其他油气田企业也逐渐开始着手进行节能评估工作。同时，中国石油集团公司先后制定发布了油田、气田固定资产投资项目节能评估文件编写规范企业标准。

三、取得的成效

（1）完善节能管理制度，推进节能减排工作。建立固定资产投资项目节能评估和审查制度，完善了勘探与生产分公司节能管理基本制度，也为勘探板块节能工作深入推进发挥了重要作用，从制度和手段上保证了建设项目在前期决策阶段就考虑消除能源浪费、提高能源综合利用效率、优化能源结构，以达到缓解能源供需矛盾、遏制能耗总量过快增长、转变经济增长方式的目的。

（2）严格项目准入，实现建设项目科学合理用能。节能评估和审查工作严格落实中国石油集团公司节能工作的总体要求，为项目科学用能提供了有力支持。截至 2019 年年底，各油气田企业共开展节能评估与审查 339 项，采用节能节水"四新"技术，杜绝采用国家明令淘汰的高耗能产品，通过节能评估和审查形成节能能力 24.5×10^4 tce，有效控制能耗增量，对实现源头治理起到关键作用，确保了资源节约与油气开发相适应。

（3）促进节能新技术的推广应用。在节能评估和审查过程中，通过对项目综合能耗指标进行核定，有效促进了项目采取先进、适用的节能技术与措施。在已评估项目中，各个评估项目在实施过程中从工艺、技术、设备选型等方面充分考虑节能节水措施，积极开展工艺及系统优化，采用节能节水"四新"技术，杜绝采用国家和中国石油明令淘汰的高耗能产品，充分利用太阳能、地热等可再生能源，确保新建项目本质节能。

（4）推进节能标准和能耗指标的研究。制定工作节能评估和审查工作是以国家及地方节能标准、规范为基础实施的，通过开展节能评估有力地推动了《油田固定资产投资项目节能评估报告编写规范》等节能标准规范的研究与制定工作，同步开展的"油田注采系统能耗指标研究"等课题研究为规范项目节能评估报告的编制、能耗限额节能标准的制定奠定了基础。

（5）强化节能意识，培育节能服务产业。节能评估工作强化了项目建设单位和工程咨询机构的节能意识。充分调动了服务机构的积极性，将节能理念、先进技术与现实需求对接起来，扣上了节能产业链中关键的一环。目前，承担节能评估工作的节能评估中介机构都是国内影响较大的咨询和设计单位，已经成为中国石油集团公司节能服务产业中的骨干力量，积极参与节能诊断、示范改造及能源审计等节能服务。

四、存在的问题及发展趋势

目前，节能评估已经成为国家节能工作的重点，是坚持和贯彻"节能优先"工作方针的重要抓手和措施。随着能评工作的有序开展和逐步深入，在取得一定成效的同时，在实际开展中还存在诸如评估机构不规范、针对性不强、专业性差、人员技术素质达不到要求等问题。按照国家发展清洁、绿色、低碳和循环经济及建设节约型社会的总体部署，节能评估的下一步工作重点主要从规范评估机构管理、强化评审专家队伍建设以及重视能评工作落实等方面着手进行：

（1）规范评估机构管理：主要包括规范化管理、提高评估人员技术素质、积极开展培训工作、加强知识储备等内容。

（2）强化评审专家队伍建设：主要包括提升专业技术素养、加强能评业务学习等内容。

（3）重视能评工作落实：建立并完善节能评估与审查制度，使能评工作有章可循。强化节能评估的执行力及落实情况，有关管理部门应该在强化节能评估的执行力的同时，加强项目实施环节的监督以及落实项目节能后评价制度，以保证节能评估工作能够真正起到从源头上杜绝能源浪费的作用。

（4）经费落实及奖惩措施：节能评估取费标准及经费落实问题是能评工作一大难题，影响评估机构的工作积极性和项目的整体进度。为了保证项目的顺利开展，需要有关部门制定合理的节能评估取费标准，同时通过有针对性地建立一系列奖惩措施等机制来提高各相关单位的工作积极性。

第四节　能源管控

能源管控是近几年发展起来的一种新型能源管理模式，是提高企业能源科学化管理水平的有效手段。能源管控是针对能源生产、输配和消耗等过程，以自动化、信息化技术为手段，通过能源计量和在线监测，运用对标分析和系统优化的方法，对能源利用实施动态监控和有效管理，促进能源利用最优化和经济效益最大化的活动。

一、政策要求

2011年，国家发改委发布了《关于印发万家企业节能低碳行动实施方案的通知》（发改环资〔2011〕2873号）：企业要创造条件建立能源管控中心，对企业能源生产、输送、分配、使用各环节集中监控管理。2012年，国家工信部《工业节能"十二五"规划》中提出："十二五"支持年耗能 30×10^4 tce 以上石油化工等大中型企业建设企业能源管控中心。2015年1月，国家工信部发布《石油和化工企业能源管理中心建设实施方案》，明确了各类型企业的通用建设内容和专项建设内容，并提出了软硬件建设和验收标准。

"十三五"期间，国家对加强能耗在线监测、推进能源管控建设高度重视，明确提出要加强高能耗行业能源管控，推进工业企业能源管控中心建设，推广工业智能化用能监测和诊断技术。建立健全能耗在线监测系统，对重点用能单位能源消耗实现实时监测。

中国石油集团公司已于2016年6月组织编制并下发了关于推进能源管控工作的意见，重点针对"十三五"期间的能源管控提出了工作目标和主要任务。2018年3月，中国石油集团公司下发了关于下达油气田、炼化企业能源管控试点单位工作推进计划（2018—2020年）的通知，提出了推进原则和相关保障措施。

勘探与生产分公司通过"效益为本、注重实效，分类指导、突出重点，软硬并存、创新驱动，统筹协调、持续发展"的原则，从规范技术要求、加强技术指导，软硬件基础建设、管控试点实施，优化运行与总结提升几方面开展能源管控工作。争取到2020年，上游业务建成14个能源管控试点单元；能源管控总体目标13个达到分析级，1个达到优化级。

二、总体思路目标

总体思路是按照"整体部署、技术引导、管理指引、评估诊断"的总体工作思路，依托信息技术、依靠科技创新和技术进步，充分利用多种资金渠道，努力推进油气田企业由能源节约向能源管控转变，不断提升能源科学化管理水平，实现提质增效与稳健发展。

上游业务能源管控总体目标：到2020年，上游业务建立13个能源管控试点单元，分3类树立试点典范，总体达到分析级，并建立1个优化级样板。

油气田企业全面贯彻落实中国石油集团公司能源管控工作的推进意见和勘探与生产分公司重点工作部署，并结合实际情况确定能源管控单元建设目标。油气田企业能源管控单元具体的建设目标见表3-3。

表3-3 油气田企业能源管控单元建设目标

序号	油气田	试点类型	试点名称	2020年目标
1	长庆油田	联合站级	高一联、西二联和油二联	分析级
2	新疆油田		重油公司供汽一联合站	分析级
3	西南油气田		遂宁龙王庙天然气净化厂	分析级
4	吐哈油田		温米联合站	分析级
5	辽河油田	作业区级	曙光采油厂热注作业一区	分析级
6	塔里木油田		克拉作业区	分析级
7	吉林油田		松原采气厂大老爷府区块	分析级
8	大港油田		采油二厂第二采油作业区	分析级
9	华北油田		山西煤层气樊北作业区	分析级
10	冀东油田		陆上作业区采油四区	分析级
11	大庆油田	厂矿级	庆新油田	优化级
12	青海油田		采油五厂	分析级
13	玉门油田		酒东采油厂	分析级
14	南方勘探		福山油田	分析级

三、基本原则

上游业务推动能源管控工作的基本原则是：效益为本、注重实效，分类指导、突出重点，软硬并存、创新驱动，统筹协调、持续发展。

（1）效益为本、注重实效。要始终围绕提质增效这一根本目标，与生产过程紧密结合，充分认识和结合企业现阶段的基础条件与实际需求，务实、稳步推进能源计量、监控、优化及管理提升等工作，确保能源管控单元的能效水平持续改进。

（2）分类指导、突出重点。分不同类型的管控单元（联合站级、作业区级、厂矿级），按照计量级、监测级、分析级、优化级和智能级5个成熟度级别（目前最高目标设定为优化级），运用技术诊断和管理评估等手段，加强上游业务能源管控技术指导，研究建立分类分级的管控模式。

（3）软硬并存、创新驱动。在软实力提升方面要加强能源管控队伍建设，组织开展人员培训，积极推进能效对标，完善与技术创新驱动相配套的节能管理激励机制，充分调动各方面开展节能技术创新、推广应用新技术的积极性。

在硬件建设上要稳步推进能源管控单元能源计量仪表配备和自动采集系统改造，提升能源计量数据的自动化采集水平。

建立一系列可复制、可推广的能源管控信息平台通用模型，实现能源管理模式创新发展。

（4）统筹协调、持续发展。实现能源管控单元用能水平动态监管，达到"能效最大化，能流可视化，在线可优化"的节能管理模式，逐步梯级推进能源管控工作。

四、主要措施

勘探与生产分公司能源管控单元的工作分为三个阶段：第一阶段，规范技术要求、加强技术指导；第二阶段，软硬基础建设、管控试点实施；第三阶段，优化运行与总结提升。

（1）规范技术要求、加强技术指导。在这一个阶段，完成能源管控绩效参数控制要求与计算方法，统一能源管控系统的数据及接口规范，开展能源管控信息平台框架设计和编制能源管控评估指南。

（2）软硬基础建设、管控试点实施。在这一个阶段，重点做好完善计量器具配备、整合基础数据、开发能源管控信息平台几方面工作，具体如下：

①完善计量配备。建立能源计量数据采集管理制度，依据国家、行业和中国石油集团公司企业标准配置能源计量器具，重点加强企业级能源消耗数据的自动采集系统改造，对进出企业的能耗数据进行动态监测。

依据能源管控系列标准要求，结合能源管控单元的成熟度等级，确定能源计量器具配备需求；按照技术上可行、经济上合理的原则，实现能源消耗数据远传采集。

②整合基础数据。结合现有的生产信息系统和相关信息化建设，明确数据源，梳理数据流，建立能源管控单元的能源管控数据库。开发能源管控数据库与中国石油集团公司节能节水管理系统的数据接口，实现关键能耗数据在线展示与监测。

③开发能源管控信息平台。油气田企业针对能源管控单元的生产实际，充分依托已有的信息系统，按照勘探与生产分公司能源管控系统的数据及接口规范要求，开发能源管控信息平台。

（3）优化运行与总结提升。勘探与生产分公司对能源管控实施总体情况、总体目标的实现、能源管控信息平台运行情况等内容进行归纳总结；组织评选能源管控试点建设先进单位，推广先进经验和优秀做法，充分调动基层开展节能工作的积极性。

五、管控示范

近年来，借助科技、信息等资金支持，长庆油田和大庆油田已率先开展了能源管控示范研究与建设工作，通过开展能源管控试点工作，实现了成果有形化、管理程序化、工作制度化，取得了一定的节能效果和经济效益。

（1）长庆油田试点案例。长庆油田采油三厂盘古梁作业区、第一采气厂第一净化厂和第三作业区开展了能源管理系统试点建设工作，设计的功能架构包括：计划统计管理、系统用能评价、指标预警管理、能耗设备管理、综合查询分析等。通过开展能源管控试点工作，实现了成果有形化、管理程序化、工作制度化，取得了一定的节能效果。具体如下：

①实现了能源管控在油气田的实施应用，建立了长庆油田分公司第三采油厂盘古梁作业区和第一采气厂2个能源示范区，初步建成了能源管控平台，实现了"三实时、四清楚"的能源管理。

②探索了油气田实施能源管控的条件、方法、途径和经验，初步形成了"1264"（1个管控平台、2个主要系统、6项关键技术、4个重点环节）能源管控模式。

③通过油气田能源试点示范，使示范区能源管控达到监测级，提升了作业区精细化管理水平，实现了节能降耗的目的，全年节电 315×10^4 kW·h，节约费用195.3万元。

（2）大庆油田试点案例。庆新油田积极发挥数字化优势，合理配备具有远程功能的计量仪表，开发集机采、集输、注水各系统于一体的能源管控软件，实现节能工作由数字化向智能化的转变。通过加装能源计量仪表，可实现主要机泵电量自动采集、单台加热炉耗气量自动采集。

庆新油田配套安装的计量仪表全部改造完成后，通过能源管控系统建设，改变了作业区人员机构设置及生产制度，大幅缩短"发现问题、处理问题、解决问题"的周期，使系统中运行的全公司机采系统、注水系统以及集输系统中联合站的能耗进一步降低。庆新油田通过开展能源管控工作，全年节电 320×10^4 kW·h，节气 80×10^4 m^3，节标煤1450 t。

第五节　能效对标

对标管理于 20 世纪 70 年代末起源于美国，被全球管理学界称为 21 世纪三大管理工具之首。对标管理针对企业人员、设备、服务及流程方面能够达到的、客观的、有效的衡量指标，提供了既有挑战性又切实可行的经营目标及其实现方法。历经 40 多年的推广应用，对标管理已经成为现代企业管理活动中支持企业不断改进和获得竞争优势的最重要方式之一。能效对标则是企业为提高能源利用水平而进行的一种对标管理活动。世界 500 强企业中有近 90% 的企业应用了对标管理。我国电力、通信部分央企也通过实施对标管理，提升了企业的业绩。由于油气生产的特殊性与复杂性，国内外尚无油气田企业开展能效对标的参考先例。中国石油集团公司所属油气田企业自 2010 年启动油气田能效对标以来，经过 10 年的探索与实践，不断结合实际、深化认识，已完成三个阶段的工作任务。第一个阶段为方法探索阶段（2010—2013 年），引进标杆管理思想，深度融合油气田生产实际，建立了油气田能效对标方法，有效开展了油气田企业间横向对标实践。各油气田企业于 2010 年以企业自身历史数据对比的纵向对标形式尝试了能效对标，并于 2012 年以油气田企业相似油藏区块间的同类对标方式推进对标工作。第二个阶段为持续改进阶段（2014—2018 年），构筑能效对标信息平台、筛选与发布能效标杆、完善对标评价机制、分享最佳节能实践，建立了油气田能效指标大数据分析的平台和机制，促进了能源管理与工艺分析相结合，攻克了油气田油藏类型多、指标可比性差等难题，使得中国石油集团公司油气田能效对标技术达到国内外同行业先进水平，有效推动了能效对标的持续开展，提高了油气田企业的能效水平。第三个阶段为优化提升阶段（2019—2020 年），实现对标工作全面覆盖油气田主要用能单元，着力建设能效对标示范区，持续发布生产系统的能效标杆，加强最佳节能实践的共享，构建能效持续改进的长效机制，实现能效对标的闭环管理。

油气田能效对标工作历程如图3-6所示。

图3-6 油气田能效对标工作历程

一、能效对标方法

(一)方法探索阶段

1. 纵向对标探索

2010年,按照"整体部署、分步实施,突出重点、全面推进"的原则,各油气田企业依托监测统计,结合定额指标及突出关键指标,开展了历史数据分析和纵向指标对比。

2010年年底,确立了能效指标。各油气田企业收集与油气生产相关的设备(如加热炉、注水泵)和工艺(如原油脱水、天然气净化)能耗数据,梳理指标类别、甄别合理性。通过选取具有操作性的能效标杆,形成了各企业的能效对标方案,确定了油气田企业自身的对标指标体系和评价方法,并进一步形成了采油厂和基层站队的二级能效标杆。

2011年年底,完成了指标差距分析。各油气田企业结合工艺特点、能耗数据和《中国节能技术政策大纲(2006)》(发改环资〔2007〕199号)的指标要求,分析了采油厂、基层站队各项指标与能效标杆的差距,研究确定了各油气田企业的关键能效标杆。通过分析高耗能环节、寻找解决途径,落实了能效提升方案,提高了企业能效指标。

2. 横向对标推进

由于各油气田埋藏条件的不同决定着开发时驱动方式与开采方式的不同,

油气井所处的地理位置的不同会决定其集输管网的布局，更重要的是不同油气田不同的油气物性，决定了其处理工艺的选择。受这些客观生产因素的影响，油气田企业进行对标时各指标之间的可比性较差。为解决这一问题，根据同类可比、分类对标的原则，把各个油气田具有相同或相似油藏性质、相当油气开发开采阶段、相近生产工艺的厂矿或者区块，分成不同能效对标组，在各组内的厂矿或区块之间开展能效对标，称为同类对标。同类对标实质上是各油气田企业间的横向对标，主要包括：

（1）高含水对标组。高含水对标组由大庆和大港油田部分区块组成。按照能效对标的步骤，即"寻标—定标—对标—达标—创标—评标"，根据自身的能耗数据，通过分析，初步建立了高含水对标组的能效对标指标体系，确定了对标区块各指标的标杆值，总结了高含水对标组的节能提效措施。

（2）浅层开发对标组。浅层开发对标组由吉林油田和大庆油田部分区块组成。浅层开发对标组依托科研成果，规范了参数的录取方式及计算方法，确定了指标体系及标杆值，并筛选出适用于浅层开发的 16 项最佳节能实践。

（3）气田运行对标组。气田运行对标组由塔里木油田、西南油气田和青海油田部分区块组成。选取了各气田生产条件与工艺类似的 3 个区块进行对标，通过综合性指标对比、工序设备指标对比以及关键工艺指标对比，确定了能效对标指标及标杆值，并总结出 11 项气田运行提效技术。

（4）常规油田对标组。常规油田对标组由华北油田、冀东油田、浙江油田和南方勘探部分区块组成。常规油田对标组进行了之前所采用的能效指标体系、管理办法和能效规范之间的对比分析和重新梳理，最后论证确定了常规油田对标组的能效对标指标体系、标杆值，并总结了相关节能措施及节能技术。

（5）低渗透对标组。低渗透对标组由长庆油田、吉林油田、吐哈油田和玉门油田部分区块组成。低渗透对标组通过能效对标活动形成了对标区块月度收集、季度交换的数据共享机制，确定了适用于低渗透开发的能效对标指标体系和标杆值，并总结了相应的提效措施。

（6）稠油开发对标组。稠油开发对标组由辽河油田和新疆油田部分区块组成。将稠油油田的能耗系统分为注汽、机采、集输和原油处理 4 个生产系统，并进一步细分为注汽锅炉、注汽管线、油井举升、采油加热、地面集油、维温伴热、原油处理和原油外输 8 个主要耗能环节进行具体对标，最后确定了适用于稠油油田的能效对标指标体系和标杆值，并总结了相应的节能措施。

（7）气田净化对标组。气田净化对标组由西南油气田和长庆油气田部分区块组成。该对标组将气田净化能效对标指标分为全厂能效指标、重点耗能单元能效指标和关键耗能设备能效指标三个层次，通过对这三个层次指标的梳理研究，最后确定了气田净化对标组的能效对标指标体系和标杆值，并总结了气田净化提效措施。

（8）煤层气开采对标组。煤层气开采对标组由煤层气公司和华北油田组成。煤层气开采对标组在沁水和韩城分别选取相似生产状况的 150 口排采时间相近的煤层气井作为对标样本，进行指标对比和能耗分析。建立了煤层气开采的能效对标指标体系，并提出了机采系统调参优化方法，建立了抽油机型号选择原则，分析了应用技术界限，形成了煤层气开采的能效提升方向。

（二）持续改进阶段

由于油气田业务能效对标存在一定的特殊性，同一油田的不同开发区块，油藏特性、开发阶段、原油物性、地理位置等均存在明显差异；开发方式、生产工艺等不同，能源消耗结构不同，能耗等级也不同，在探索阶段的油气田能效对标中，部分指标未考虑对生产的关键影响因素，存在能效对标指标不完善、可比性标杆选择难度大的问题，同时还缺乏成熟的对标方法，缺乏对标指标数据库、最佳节能实践库，影响了对标的实施和信息共享。

因此，在改进阶段，将能效对标方法与油气田生产实际进行结合，在对标方法、体系、平台以及机制方面开展工作，主要内容有：

（1）建立了油气田能效对标方法。创造性地选取具有相似油藏性质、相当开发阶段、相近生产工艺的厂矿（或区块），尽量弥合或消除地质、油藏等不可比因素；同时，充分结合工艺特点将对标系统（或单元）划分为机采、集输、注水、气田集输、天然气净化等不同环节，通过细分对比单元，弥合固有因素的差异与矛盾，有效突破了油气田企业开展能效对标的技术瓶颈。该方法提出分系统、选标杆、找差距、定标准的工作原则：分系统——按照 10 个子系统整理数据；选标杆——根据特征参数，筛选与自己类似的先进标杆；找差距——分析系统和耗能设备运行参数、节能措施与标杆的差距；定标准——参照标杆的技术和管理措施，制定运行标准，提高能效。

（2）建立了油气田能效对标指标体系。按照对标方法，建立了油田能效对标指标体系框架，如图 3-7 所示。气田能效对标指标体系框架如图 3-8 所示。

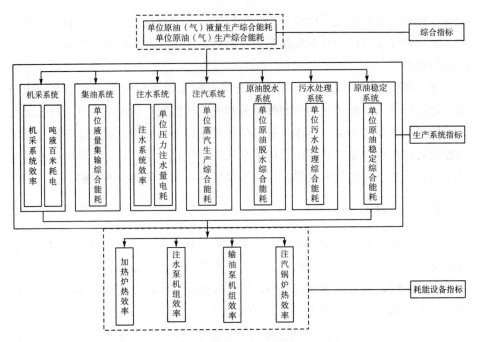

图 3-7　油田能效对标指标体系框架

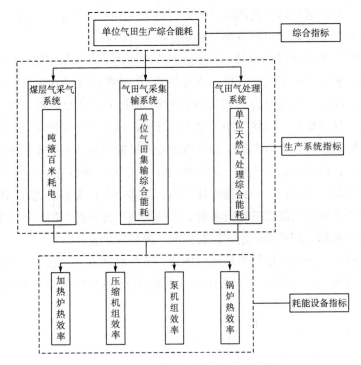

图 3-8　气田能效对标指标体系框架

按照工艺特点分为机采、集油、注水、注蒸汽、集气和天然气处理等 10 个系统。体系充分涵盖基础信息、运行参数、能效指标、能耗设备、措施与效果等信息。基础信息数据包括油藏属性、开采方式、原油物性等 49 个数据。能耗设备数据包括机采类型、电动机型号及容量、加热炉总功率及数量等 30 个数据。生产参数及能耗数据包括平均单井产液量、综合含水率、机采总耗电量等 67 个数据。能效指标包括机采单耗、吨液百米耗电、集油吨液综合能耗等 50 个指标。明确了各对标子系统的能耗边界和范围，定义了各能效指标的计算方法，已全面应用于 16 家油气田各个基层单位。

（3）开发了油气田能效对标信息平台。依托中国石油节能节水管理系统，搭建了油气田能效对标信息化平台，涵盖对标体系维护、对标数据录入、能效标杆查询、能效指标对比等 5 大功能，支持横向、纵向和全域 3 种方式的能效指标对比与分析。图 3-9 为油气田能效对标信息化平台功能模块设计图。

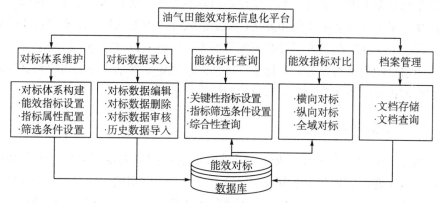

图 3-9　油气田能效对标信息化平台功能模块设计图

（4）建立了油气田企业能效对标评价体系。油气田企业能效对标评价体系是通过设定反映企业能效对标工作开展情况的相关指标，并运用该评价体系对企业能效对标工作进行分析和评价，检查企业能效对标组织程序和制度体系的完整性、能效对标规划及阶段性目标的先进性和可行性、能效对标工作开展的全面性与合规性、有关能效指标数据的真实性和可靠性、能效改进措施的经济性和可行性以及能效对标的工作成效；以此确定目前能效对标工作的薄弱环节，形成能效对标管理工作机制，推动能效对标工作的进一步开展。油气田企业能效对标评价体系由能效对标工作计划制订、能效对标工作开展、能效指标完成与持续改进、能效对标数据填报、能效对标工作检查与验收、对标研究与长效机制 6 个大项和 23 个小项构成。

（5）建立了油气田能效标杆筛选机制与方法。遵循横向可比的原则，分析各工艺系统的能效指标影响因素，确定能效标杆的筛选指标，按照油藏类型、生产工艺、油品物性进行分类细化。通过 2016 年、2017 年和 2018 年三年的能效标杆筛选，共发布机采、注水、注蒸汽等 7 个系统 34 套能效标杆指标。

（三）优化提升阶段

为进一步规范油气田能效对标工作，为油气田企业提供能效对标方法、流程及体系，力求对标方法及技术要求的合理性和实施的可操作性，对油气田企业开展能效对标工作起到指导作用，2018 年，勘探与生产分公司组织编写了《油气田能效对标指南》企业标准。

本标准按照能效对标工作的实施内容，并结合油气田的实际情况，明确了各阶段的具体内容。能效现状分析阶段规定了能效对标边界与指标体系选取、能效指标数据来源、能效对标工作计划的基本内容；能效标杆选择及对标分析阶段规定了标杆选取的步骤和方法；制定能效改进方案阶段要求明确具体的措施、落实人员和时间进度以及验证效果的方法；落实改进措施阶段要求分析方案实施前后的指标对比；对标工作评估阶段规定了评估工作的组织和具体的评估内容；持续改进阶段要求对经验做法进行总结。

二、能效对标成效

通过三个阶段的对标实践建立了油气田能效指标大数据分析的平台和机制，促进了能源管理与工艺分析相结合，攻克了油气田油藏类型多、指标可比性差等难题，使得中国石油集团公司油气田能效对标技术达到了国内外同行业先进水平，有效推动了能效对标持续开展，提高了油气田企业的能效水平。

（一）实现了能效对标信息化管理

自 2014 年 7 月油气田能效对标信息平台正式上线以来，各油气田企业依托该平台定期开展基于大数据的能效指标分析与对比，为企业技术挖潜、技措筛选提供了数据支撑，截至 2018 年 8 月，共录入 7910 套能效对标案例，其中机采系统 2210 套、集油系统 1715 套、注水系统 1462 套、注蒸汽系统 1311 套、原油脱水系统 712 套、集气系统 325 套、天然气处理净化系统 175 套，实现了能效数据的网络化和信息化管理，提高了对标管理工作效率。

新疆油田依托能效对标信息平台开展能效指标动态分析和分类研究，如机采系统按照油藏、油品、泵挂深度等分类进行指标对比，从 49 个生产单位中优选出采油一厂红 18 井区、陆梁作业区石南 21 井区等 6 个生产单位作为公司能效标杆。

（二）激发了基层精细管理的活力与潜力

基层站队是能效对标的实践主体，将能效对标工作和"节能示范队（站）"结合起来，开展以"比、学、赶、超"为主题的横向及纵向对标活动，充分激发基层员工活力、挖掘运行维护的潜力，通过生产指标的反复对比分析，将能效对标的方法贯穿基层站队工艺参数优化、日常精细维护工作，使得能效对标基础扎实，效果明显。

长庆油田积极构建三级对标管理体系，不断强化能效对标管理，完善能效对标制度，明确能效对标目标，狠抓能效对标措施落实，优选"节能示范厂（区）"，打造对标实践主体和能效典范。塔里木油田结合基层生产，以五型班组、QC 活动为载体开展全员节能降耗活动，深入挖潜增效，取得丰硕成果；通过对标活动，全年共实现节能 2880 tce，节水 19.6×10^4 m³。西南油气田积极开展节能节水示范样板站的培育和建设，各二级单位继续以优化工艺操作、节能节水技术改造以及基层站队 QHSE 标准化达标建设为重点，以能效对标为抓手，开展节能节水示范样板站建设。

三、能效指标分析

自 2016 年起，勘探与生产分公司组织油气田企业开展各生产系统的能效标杆单位筛选与推荐工作，通过专家评议等形式进行综合评价，发布了机采、注水、集油、注蒸汽、原油脱水、集气和天然气处理净化 7 个生产系统标杆单位的能效指标和节能实践，推动能效对标工作进一步开展，促进油气田生产运行的能效水平不断提高。

（一）机采系统

注水系统的能耗与注水管网半径、注水压力和注水系统效率等因素有关，为了克服因举升高度不同造成的能耗差异，应选取吨液百米耗电为机采系统能效标杆的评价指标，综合考虑单井日产液量和油品物性，分成稀油油田单井产液量>30 t/d、15～30 t/d、10～15 t/d、5～10 t/d 和<5 t/d 等 5 个对标组进行标杆筛选。2015—2018 年机采系统能效指标变化情况如图 3-10 所示。

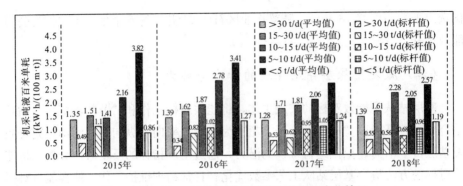

图3-10 2015—2018年机采系统能效指标变化情况

2015—2018年，总体上机采吨液百米单耗平均值约为标杆值的2倍，单井产液量在5 t/d以下的机采井单耗指标下降较为明显。

（二）注水系统

为便于进行指标对比，采用单位注水压力电耗（注水标耗）作为能效标杆的评价指标。2015—2018年注水系统能效指标变化情况如图3-11所示。

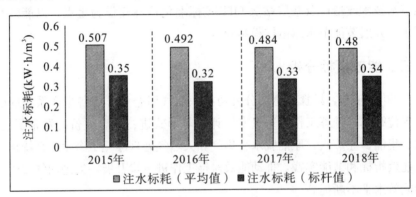

图3-11 2015—2018年注水系统能效指标变化情况

2015—2018年，注水标耗标杆值变化不大，在0.33 kW·h/m³左右浮动。注水标耗平均值呈稳步下降趋势，每年降速约为0.1 kW·h/m³。

（三）集油系统

集油系统的能耗影响因素是集输工艺、集输半径和油品物性，采用吨液集输综合能耗（集油吨液单耗）作为能效标杆的筛选指标。

2015—2018年集油系统能效指标变化情况如图3－12所示。

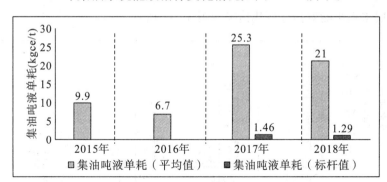

图3－12　2015—2018年集油系统能效指标变化情况

2015—2018年，集油吨液单耗平均值变化较为明显，集油吨液单耗标杆值明显低于平均值，约为1.3 kgce/t。

（四）注蒸汽系统

采用蒸汽生产单耗作为能效标杆的评价指标，综合考虑给水温度、蒸汽干度和蒸汽供气压力3个影响因素进行标杆筛选。2015—2018年注蒸汽系统能效指标变化情况如图3－13所示。

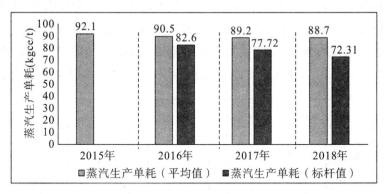

图3－13　2015—2018年注蒸汽系统能效指标变化情况

2015—2018年，注蒸汽系统单耗指标总体上略有下降，平均值与标杆值差距较小。2018年，蒸汽生产单耗平均值为88.7 kgce/t，比标杆值高出约16 kgce/t。

（五）原油脱水系统

不同的原油脱水工艺，其能耗水平有一定的差异，根据目前的能效对标数据，采用原油脱水综合能耗（原油脱水吨液单耗）作为评价指标。2015—2018年原油脱水系统能效指标变化情况如图 3-14 所示。

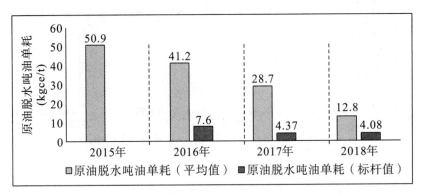

图 3-14　2015—2018 年原油脱水系统能效指标变化情况

2015—2018 年，原油脱水系统单耗指标下降趋势显著，不论是平均值还是标杆值，均稳步下降；平均值与标杆值还存在较大差距，为标杆值的 3～5 倍。

（六）集气系统

气田集输工艺一般包括分离、计量、气液输送、增压和脱水等，集输工艺不同，能耗水平也有较大差异。对集输能耗影响较大的是采用加热还是注醇抑制水合物和后期的增压。采用单位气田集输综合能耗（增压综合能耗）作为筛选指标。2015—2018 年气田集输系统能效指标变化情况如图 3-15 所示。

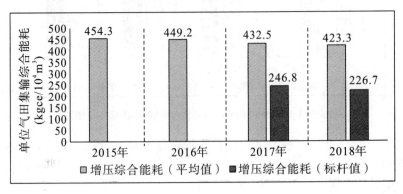

图 3-15　2015—2018 年气田集输系统能效指标变化情况

2015—2018 年，气田集输系统综合能耗稳步下降，增压综合能耗每年降低约 8 kgce/10^4 m^3；平均值约为标杆值的 2 倍。

（七）气田净化系统

气田净化（天然气处理净化）包括脱除酸性气体（如脱硫、脱碳和有机硫化物等）、脱水、硫黄回收和尾气处理等过程，原料气组分和处理工艺各不相同，能耗水平也有较大差异。采用天然气处理综合能耗（气田净化综合能耗）作为评价指标。2015—2018 年气田净化系统能效指标变化情况如图 3－16 所示。

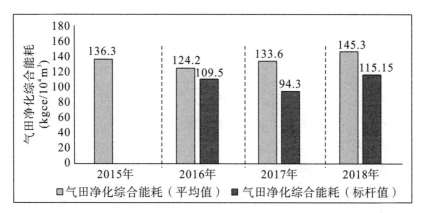

图 3－16　2015—2018 年气田净化系统能效指标变化情况

2018 年，气田净化厂综合能耗有小幅回升，平均值为 145.3 kgce/10^4 m³。气田净化综合能耗标杆值约比平均值少 1/5。

第六节　能耗定额

为了积极响应国家"绿色矿山"建设工作要求，推动油气生产全过程能耗核算，规范节能指标考核方式，支撑油气田精益生产，勘探与生产分公司组织开展了油气田生产全过程能耗定额编制工作。各油气田企业参照《油气田能耗定额指标体系》（油勘函〔2018〕410 号），结合自身生产情况确定能耗定额指标体系，涵盖关键指标和配套指标。在确定能耗定额指标体系的基础上，开展指标值测算工作。由于能源消耗量会随生产状态的变化波动，因此能耗定额值应按一定的生产周期进行动态调整，一般单项定额指标值每年修改一次，使指标值保持在合理的先进水平，促进各级生产单位不断提高用能水平。

一、定额编制技术要求

（一）总论

1. 编制原则

（1）应遵循国家法律法规和相关标准。

（2）应参照正常生产条件下的先进水平制定，参数可计量、可追溯。

（3）计量、计算和统计应具有可操作性。

（4）应适时修订、持续改进。

2. 编制依据

应依据（但不限于）下列几方面因素：

（1）各级节能管理部门下达的节能目标，近三年的能耗数据。

（2）现有用能设备、生产系统（装置）和工艺技术的现状及发展趋势。

（3）近三年生产系统及耗能设备节能监测分析报告。

（4）油气田开发方案。

3. 编制程序

（1）成立定额编制小组。

（2）开展调查、测试和分析。

（3）建立企业能耗定额指标体系。

（4）进行能耗定额测算。

（5）发布能耗定额。

（二）定额编制方法

1. 定额指标体系的建立

根据勘探与生产分公司下发的《油气田能耗定额指标体系》（油勘函〔2018〕410 号）建立定额指标体系。

2. 定额的测算方法

应选用数理统计法、实测法和计算法。

（1）数理统计法：在运用数理统计方法对有关统计资料进行整理和分析的基础上，考虑影响定额的诸多因素，如生产工艺的改进、生产设备的改造、机械化自动化程度的提高、自然条件的变更、油田开发情况的变化、生产组织的改善、用能结构的改变，以及节约技术措施的应用等，以确定定额的一种方法。

数理统计法适用于具有较强统计规律的用能单位或生产系统能耗定额的编制。

（2）实测法：对实际生产过程所消耗的能源进行现场科学测定，以确定定额的一种方法。在实测时，被测的生产系统、设备应处于正常状态，并在额定负荷下运转，工作方式经济合理。实测法适用于负荷稳定、正常运行的生产系统或设备能耗定额的编制。

（3）计算法：根据设计和已经形成的生产工艺等条件，经过专门的试验和理论计算，并依据实际生产条件加以修正，以确定定额的一种方法。在进行计算时，应有生产工艺的技术参数、设备技术性能参数、设备的工作方式、各种有关的技术经济指标等。

计算法适用于技术经济指标较为齐全的生产系统或设备能耗定额的编制，也可作为上述两种方法的补充和参考。

3. 定额指标的主要影响因素

在进行能耗定额测算时，应结合油气田生产实际情况，考虑以下能耗指标的主要影响因素，合理确定单项定额。油气田能耗定额指标及主要影响因素见表3－4。

表3－4　油气田能耗定额指标及主要影响因素

管理层级	定额指标	主要影响因素
地区公司	单位油气生产综合能耗； 单位油田液量生产综合能耗； 单位气田气生产综合能耗； 单位商品量生产综合能耗； 单位工业产值综合能耗； 单位企业增加值综合能耗	油藏性质； 自然递减率； 含水率； 装置负荷率； 工艺适应性
采油厂	单位油田油气生产综合能耗； 单位油田液量生产综合能耗； 单位采油液量生产电耗； 单位油田液量集输综合能耗； 单位注水量电耗	油藏性质； 自然递减率； 含水率； 装置负荷率； 工艺适应性

管理层级	定额指标	主要影响因素
采气厂	单位气田气生产综合能耗； 单位气田气采集输综合能耗； 单位气田气处理综合能耗	原料气组分； 自然递减率； 井口压力； 装置负荷率； 工艺适应性
采油队	机采吨液百米耗电	机采方式（抽油机、螺杆泵、电潜泵）； 原油含水率； 原油黏度； 平均泵挂深度； 平均单井产液量
转油站	单位集油液量综合能耗	原油含水率； 原油黏度； 集油工艺（双管掺水、单管环状掺水、电加热集油、不加热集油、单井集油）
注水站	单位压力注水量电耗	注水管网半径； 注水压力
注汽站	单位蒸汽生产综合能耗	注蒸汽压力； 蒸汽干度
联合站 （集中处理站）	单位原油脱水综合能耗	原油脱水工艺（热化学脱水、电化学脱水、大罐沉降脱水）； 脱水温度； 来液含水率
	单位原油稳定综合能耗	原油稳定工艺（加热负压闪蒸、不加热负压闪蒸、加热正压闪蒸、不加热正压闪蒸、精馏塔分馏、完全塔分馏）； 轻烃收率
	单位含油污水处理综合能耗	污水处理工艺
集气站	单位气田气集输综合能耗	集输工艺（增压集输、自压集输）； 集输压力； 设备负荷率
天然气处理厂	单位天然气处理综合能耗	原料气组分； 天然气处理工艺（脱硫、脱碳、脱水脱烃）； 处理规模

（三）定额指标修订

1. 定额指标体系修订

由于上级节能管理部门的考核指标、企业生产范围、业务领域发生变化或其他情况，应适时修订定额指标体系。

2. 定额指标修订

能耗定额指标应每年修订一次，遇到下述情况时，可做适时修订：

（1）国家有关能源管理方面的政策、法规发生变化或集团公司下达的节能目标任务发生变化时；

（2）产品结构、用能设备和生产工艺有重大改变时；

（3）能源品种、规格、质量等发生重大变动时。

二、定额编制情况

（一）总体情况

在各油田能耗定额总结提交报告中，16家油气田中大部分油气田都确定了具体的能耗定额指标体系及指标值，少数油田没有确定具体的指标值。各油田的定额指标体系及指标值确定方法各不相同，总体情况如下：

1. 指标体系建立方面

建立四级指标体系（1家）：玉门油田（油田公司、采油厂、基层站队和耗能设备）。

建立三级指标体系（10家）：辽河、长庆、新疆、吉林、大港、青海、吐哈、冀东、煤层气公司、南方勘探（油田公司、采油厂、基层站队）。

建立二级指标体系（3家）：大庆、塔里木（采油厂、基层站队）、浙江（油田公司、采油厂）。

建立一级指标体系（2家）：西南、华北（采油厂）。

2. 指标值测算方面

企业根据近几年的指标情况，结合当前地层、产量和技措等情况，除长庆、冀东和煤层气外，各油气田均已确定合理的指标值。

(二) 各油田编制情况

1. 大庆油田

在第三采油厂开展能耗定额试点工作。第三采油厂将能耗定额分为 2 级，分别为采油厂、基层站队。其编制的报告中，确定了明确的能耗指标值。其工作的亮点在于提供了详细的各单元定额数值计算方法，以及对各个单元的用能情况作出了综述分析。总体完成度较好。

2. 辽河油田

辽河油田制定了油田公司、采油厂、基层站队 3 级能耗定额指标。油田公司级定额指标主要依据 2015—2018 年实际指标运行情况，结合地质部门生产预测、工艺部门技术发展等因素进行测算。采油厂级定额指标主要依据 2018 年实际指标运行情况，结合采油单位配产、油汽比变化情况、注采比变化情况、生产工艺调整、节能措施实施等因素进行测算。基层站队级定额指标主要依据 2018 年实际指标运行情况，结合站队开井数变化、综合含水率变化、油汽比、注采比、场站工艺变化等因素进行测算。

3. 长庆油田

长庆油田的能耗定额指标分为 3 级：油田公司、二级单位（采油厂、采气厂、输油处）和基层站队。其中，地区公司能耗定额指标以综合性指标为主，二级单位（采油厂、采气厂、输油处）能耗定额指标包括综合性指标和单耗指标，基层站队能耗定额指标包括单耗指标，但尚未确定具体的定额指标值。

4. 塔里木油田

塔里木油田计划制定 3 级管理体系，但其制定标准与其他油田不太相同，为按用能规模分类：将能耗均在 5000 吨标煤以上的分为Ⅰ级，能耗均在 5000 吨标煤以下的分为Ⅱ级，其余管理性质单位分为Ⅲ级。定额指标中增加了用水单耗的指标。目前，塔里木油田给出了各级能耗单位的数值，但是并未给出其具体的测算方法。

5. 新疆油田

新疆油田从 2014 年起开始对二级单位实行能耗定额管理，并在过程中对能耗超标单位进行预警，取得了显著的效果。能耗定额制定过程主要是通过梳理油气田开发生产流程的注水、注汽、机采、集输和供配电等各个生产系统，确定流程各个节点的控制性参数，对参数进行分类整理，建立起完整的能耗定额管理指标体系，并将指标体系嵌入能源管理中，将油田公司节能宏观管理与微观落实有机衔接，增强能源管理的科学性、完整性和系统性。

能耗定额指标的制定：通过计算近 3 年的系统单耗平均值，扣减节能专项实施后系统提效节约的能源，以此作为基准数据，再与生产单位沟通，确定各个系统单耗。产品定额单耗，先由各系统单耗计算系统能耗，再确定全生产流程的总耗，除以总产量。

新疆油田后续将进一步加强能耗定额指标的研究工作，能耗定额编制的思路是先确定系统效率，再根据生产流程各系统效率计算产品单耗。

6. 西南油气田

西南油气田采用的是为每个单位分配指标的方法，并未设置统一分级。其提交的文件中提供了各个能耗定额计算的方法表格、计算完成后的结果，这部分很详细，完成度较好。但其并未提供统一的编制报告，这部分需要改进。

7. 吉林油田

吉林油田成立了能耗定额编制小组，全面开展能耗定额编制工作。为进一步查找公司能耗定额的规律性，对公司近 6 年重点用能参数进行了统计调查，调查中充分考虑了油田油藏性质、自然递减率和含水率等因素对油田生产单耗的影响。由于油田生产地质条件复杂，重要用能环节影响因素较多，新建产能和老井产量变化互相影响，直接通过数据分析查找单耗变化的固定规律存在一定难度。因此，此次能耗定额编制工作在按照勘探与生产分公司计划运行的基础上，采取突出重点用能环节，选取定额指标由易到难，优先制定公司和采油气单位主要能耗定额，最后落实基层站队定额的方式推进。

能耗定额体系分为油田公司、采油（气）厂和基层站队 3 级，指标设置考虑生产系统现状、计量设备配置情况和统计核算情况，对部分指标进行了合并和删减。油气处理站集输、脱水和污水处理等系统界面存在重合部分，目前用气、用电设备计量仪表配备欠缺，暂时无法做到准确地区分原油脱水、污水处理等系统能耗。油气处理站将能耗定额指标合并设置为单位集输处理综合能耗。指标测算采取数理统计法，通过收集公司近 6 年产油、产液、产水、产气、各项能耗、自然递减率和含水率等数据，开展大量统计分析工作。同时结合公司生产计划、开发情况，兼顾各单位地面工程调改、工艺技术设备改造，综合考虑各项节能技术措施影响因素，查找公司节能潜力空间。通过基础数据分析，油藏性质、综合含水、自然递减率等指标变化与油田生产各项能源单耗水平有一定关联度，但找出它们之间的直接联系存在困难。而且油田工艺流程变化、节能技术改造以及节能管理措施对能源单耗的影响更为直观。为此，吉林油田此次能耗定额编制工作通过汇总历年能耗基础数据，摸索产量、含水等因素与能耗间的关系，侧重 2019 年节能技术措施和管理措施落实对各系统能源单耗的影响，初步确定了 2019 年油田公司和采油气单位的主要能耗定额。

8. 大港油田

大港油田所属各油气生产单位成立了定额编制小组，成员由节能、地质、工艺、电力、计量、设备等相关部门人员组成。明确了能耗定额编制小组工作职责：负责建立定额指标体系，负责明确定额指标的定义、测算方法与解释，负责各系统生产数据及能源消耗数据的录取、统计、上报，负责定额指标的确定与发布等。

根据大港油田生产实际和管理工作的需要，公司组织相关部门及所属采油厂等单位经研究讨论，依照勘探与生产分公司编制的《油气田能耗定额指标体系》（油勘函〔2018〕410 号），确定大港油田能耗定额分为油田公司、采油厂、基层站队 3 级，选取了每个层级的能耗定额指标。在指标值测算方面应用数理统计法，统计往年的能耗总量、指标完成情况，综合 2019 年各生产系统能耗、工作量变化预期，预测了 2019 年各采油厂、作业区、基层队站的能耗总量，并制定了相关的能耗定额。

9. 青海油田

目前，青海油田建立了 3 级能耗定额体系，分别为油田公司、二级厂处、车间站队三层。目前，已经确定油田公司、二级厂处的指标数值，并给出了其估算依据，但是车间站队的能耗定额指标尚未给出。在充分考虑 2019 年产量产能、设备工艺水平、管理效能等一系列影响能效水平的因素的基础上（油气生产单位还要考虑综合含水率、自然递减率等），进行适当修正（取系数 1～1.2），确定 2019 年能耗定额指标值。

其中，油田公司能耗定额指标 3 项，以 2018 年实际值为基准，主要考虑地方政府"双控"约束、板块公司管理要求，以及 2019 年生产计划、油气田自然递减率等影响因素；5 家采油生产单位各设置厂处级能耗定额 3 项，涵盖机采系统、注水系统等主要生产工艺；3 家采气生产单位各设置厂处级能耗定额 1 项，即单位气田生产综合能耗；1 家炼化生产单位设置厂处级能耗定额 2 项，涵盖炼油生产能耗水耗指标；1 家管道输送单位设置厂处级能耗定额 1 项，即输原油周转量综合能耗；21 家生产辅助及矿区服务单位设置厂处级能耗定额 1 项，即控制能耗总量。车间站队暂未测算能耗定额指标值，根据

2019年油田公司及厂处级能耗定额指标体系建立和完善过程中取得的经验，计划于2020年逐步延伸至车间战队。

10. 华北油田

华北油田以2014—2018年近5年能耗数据为基础，剔除非正常影响因素，核定2019年各油气生产单位能耗定额指标，目前只做到采油厂这一级，确定了详细的指标数值。其提供的附件中给出了很详细的用来确定定额指标的数据，但是提交报告中并未列出各项指标的计算方法，也没有给出确定的定额数值，相较于其他油田单位进度较慢。

11. 吐哈油田

吐哈油田提交的报告中，包含了很多现场的装置、厂的能耗数据，并在此基础上对2019年的能耗作出了预测。其也将能耗定额体系分为3级：油田公司、采油厂、生产站队。预计其下一步重点在于落实其制定的能耗定额体系。

12. 冀东油田

目前，冀东油田制定了3级能耗定额指标，其中定额方法主要为基于历史数据的数理统计法。冀东油田已经对注水量、年产液量等主要开发数据进行了逐年预测，并完成了2019年生产系统及耗能设备数据检测分析，但是还未制定明确到数值的能耗定额。下一步的工作重点将会落在主要用能单位的能耗定额制定上。

13. 玉门油田

玉门油田采用4级定额指标体系层级，涵盖油田公司、采油厂、基层站队和耗能设备，指标测算以2016—2018年数据为依据，同时参照相关生产条件的变化情况。在其提供的指标数据中，4级指标的数值编制工作已经完成，总体完成度较好。

14. 浙江油田

浙江油田由于其特殊性，将其下属能耗定额层级分为2级：油田公司与下属采气厂。并给出了2级生产单位的能耗定额数值及计算方法。采气厂定额指标中设置了车辆百公里油耗和人员办公用电单耗。

15. 煤层气公司

煤层气公司在提交报告中给出了详细的定额指标计算方法，并将公司定额指标分为3级：公司级、主要生产单位级（韩城分公司、临汾分公司、忻州分公司）、下属作业区级。确定了公司级和主要生产单位级的能耗定额，其中主要生产单位级的能耗定额中增加了汽车油耗的指标，但是下属作业区级的能耗定额尚未给出。

16. 南方公司

南方公司给出了完整的定额指标体系计算方法，并将其分为3级。但其分级方法和其他公司不尽相同，为南方公司、福山油田项目部、综合办公室和作业区。目前，仅确定了南方公司和福山油田项目部的指标计算结果，还没有确定综合办公室和作业区的具体定额指标，也没有给出计算指标所用到的具体数据。

第四章　节能技术实践

油气田企业在能效对标实施过程中，深入查找差距，相互借鉴先进经验，加强节能管理与节能技术的推广应用，在 2014—2018 年期间，总结并发布技术实践包括机采系统 32 项、集输系统 25 项、注水系统 19 项、热力系统 22 项，通过节能实践，推动油气田生产各系统的能效提升和降本增效。在此基础上，本章优选技术先进、应用成熟、效果良好，具有较大的推广前景的 45 项最佳节能技术实践进行介绍。技术名称和应用单位详见附录 2。

第一节　机采系统

机采系统节能技术实践主要有抽油机井节能管理、应用新型节能抽油机、高效节能电动机、节能电控箱等类型。在实践中应用的抽油机井节能管理措施包括了调整冲次、冲程、调整平衡、调整盘根松紧度、皮带松紧度等；应用的新型节能抽油机有双驴头抽油机、下偏杠铃抽油机、异相曲柄复合平衡抽油机、塔架式抽油机、直线电动机抽油机、数字化抽油机、一机双采抽油机、液压抽油机、提捞式柔性抽油机等；应用的高效节能电动机主要有永磁电动机、高转差率电动机、关磁阻电动机、伺服电动机、双功率电动机、双速电动机、变频调速电动机、可变冲次节能电动机、低速电动机等；应用的节能电控箱主要有丛式井组集中控制箱、星角转换控制箱、可控硅软启动调压控制箱、自动无功补偿电控箱、智能间抽控制器、不停机间抽控制器等。经筛选、总结、评价和再总结，形成成熟、先进，具有较高的推广应用价值的最佳节能实践16 项。

一、塔架式长冲程抽油机

传统游梁式抽油机由于其自身笨重（耗钢材多）、冲程短、能耗高、效率低、安全性差等缺陷以及冲程冲次调整范围小、技术改造空间小，不能适应油田后期长冲程、低冲次开采的要求，也不能满足油田从浅层油气藏转向深层油气藏开发的需求，在此背景下，研发了转速低、力矩大、能耗低的塔架式长冲程抽油机。目前，已经投入使用的有配备复式永磁电动机、开关磁阻电动机以及直线直驱电动机等多种形式的塔架式长冲程抽油机。

（一）技术原理

塔架式长冲程抽油机在整体结构上取消了传统游梁式抽油机的四连杆机械传动部分，采用电动机直接驱动的方式，并在智能变频控制器的控制下实现抽油杆的上下往复运动，是一种结构简单、能耗较低的新型油田抽油设备。采用复式永磁电动机、开关磁阻电动机的一般将电动机置于塔架顶部，电动机两端的皮带轮通过皮带连接抽油杆和配重箱。当电动机受智能化变频柜控制做往复转动时，抽油杆和配重箱则会做方向相反的上下往复直线运动，即完成了抽油杆的抽油动作。而直线直驱电动机抽油机是将电能直接转换成直线往复运动的机械能，带动抽油杆做往复运行。其组成部件除电动机外，还有塔架、皮带、后平衡装置和智能电气控制柜等，几种类型的抽油机具体如图4-1、图4-2、图4-3所示。

图4-1　复式永磁电动机塔架式长冲程抽油机现场应用图

图4-2　开关磁阻电动机塔架式长冲程抽油机现场应用图

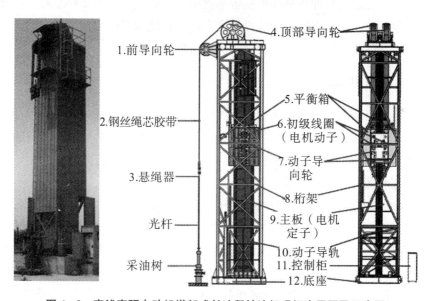

图4-3　直线直驱电动机塔架式长冲程抽油机现场应用图及示意图

（二）技术特点

（1）采用塔架式结构，省略了四连杆、减速箱、曲柄和驴头等部件，传动效率高；可实现长冲程、低冲次。

（2）采用天平式直接平衡，通过改变配重箱中的配重可精确调整抽油机平衡，平衡度可达 95％以上。

（3）配套节能电动机，启动电流小，输出扭矩大，降低了装机功率，综合节能效果好。

（4）重量和占地面积约为常规抽油机的 50％；操作简单，调参方便，可实现修井自动让位；润滑点少，维护保养简单。

（三）适用范围

塔架式长冲程抽油机主要适用于稠油、深井、水平井和大斜度井，以及小泵深抽、大泵提液以及长冲程、低冲次的采油工艺要求。采用直线直驱电动机的塔架式长冲程抽油机制造成本较高，一般单机造价在 80 万元以上，更适用于 7 m 以上冲程、3600 m 以上井深、日产液量 20 t 以上的井；采用复式永磁电动机的塔架式长冲程抽油机，由于高温情况下易出现退磁失效，不适合于频繁过载和长期高温环境下使用。

另外，塔架式长冲程抽油机皮带易磨损，寿命只能达到 2 年左右，需要及时检查和更换皮带，以保证抽油机的安全运行；结构受风载荷影响较大，在沿海及开阔戈壁滩等风速较大的地区需进行风载影响评估。

（四）应用案例

玉门油田：由玉门油田机械厂生产的复式永磁电动机塔架式长冲程抽油机在青西、鸭儿峡、酒东采油厂推广使用 25 台，整体运行平稳。经玉门油田节能监测站对更换的 25 台抽油机前后运行情况分期进行节能监测及对比，发现该抽油机节电效果明显，综合节电率为 21.5％。

由 14 型塔架式长冲程抽油机与 14 型游梁式抽油机的对比来看，单台设备价格均为 40 万元，游梁式抽油机安装费用为 9.96 万元，塔架式长冲程抽油机安装费用为 6.5 万元，塔架式长冲程抽油机相比游梁式抽油机节约安装费用 3.46 万元；游梁式抽油机年维护费用约为 13.06 万元（平均地面维护及检泵等作业费用），塔架式长冲程抽油机年维护费用为 9.76 万元（不含皮带），相比游梁式抽油机节约 3.3 万元；塔架式长冲程抽油机皮带每套 0.8 万元，2 年更换一次，年增加费用 0.4 万元。

按照综合节电率 21.5％，应用 14 型塔架式长冲程抽油机比游梁式抽油机，年节约用电 7.3×10^4 kW·h，折合标煤 24.09 t，节约电费 4.38 万元；年节约维保费用 2.9 万元；静态投资回收期为 5.49 年。

塔里木油田：从 2006 至 2018 年安装直线直驱电动机抽油机 176 台；统计塔里木油田 10 口游梁式抽油机井，平均泵深为 2549.1 m，平均有效扬程为 1744.4 m，平均日产液量为 11.4 t，经西北节能测试监测，平均产液单耗为 31.16 kW·h/t，平均百米产液单耗 1.8 kW·h/(100m·t)，平均功率因数为 0.3687。应用直线电动机抽油机的油井与应用游梁式抽油机的油井相比，泵深增加 430.9 m，有效扬程增加 653 m，悬点载荷在 160 kN 左右（游梁式抽油机悬点载荷在 115 kN 左右），产液单耗减少 10.16 kW·h/t（仅是游梁抽油机井的 67.4%），百米产液单耗减少 0.6 kW·h/(100m·t)，平均功率因数增加 0.598。按日产液量 15 t 计算，应用游梁式抽油机的油井日耗电为 467.4 kW·h，而应用直线直驱电动机抽油机的油井日耗电为 315 kW·h，后者比前者日节电 152.4 kW·h，年节电 5.56×10⁴ kW·h；如考虑悬点载荷、下泵深度、有效举升高度等因素，后者与前者相比，节能效果更为明显。

二、一机双采式抽油机

随着油田开发进入中后期，由于单井产量低、开采成本高，导致油田开采效益差，为提高油田开采效益，降低油田开采成本，需要从降低初期投入和降低运行成本两个方面做工作。油田普遍使用常规四连杆抽油机，虽然运行可靠、维护保养简单、操作方便，但设备一次性投资大、运行能耗高，也对油田生产成本造成较大压力。因此，研究开发投资少、能耗低、维护保养简单的举升设备，是处于中后期开采阶段油田降本增效的重要方向。在这种背景下，吉林油田研究形成了一机双采式抽油机，保留了常规游梁式抽油机的特点，一台抽油机带动 2 口井生产，能够有效降低初期投入、提高运行效率、降低运行能耗，取得了较好效果。

（一）技术原理

目前，在吉林油田推广应用的双驴头式一机双采抽油机（图 4-4）由 1 个电动机、1 个减速箱、2 个驴头组成，2 个驴头对应 2 口油井，由 1 台电动机拖动，利用 2 口油井互相平衡，提高了设备举升效率，同时可以实现节能降耗。

图4—4 双驴头式一机双采抽油机现场应用图

此外，大庆油田利用丛式井在同一平台的条件，试验应用了"T"字形塔架结构为主体的塔架式一机双采抽油机（图4—5），其是采用天平平衡原理，利用双井载荷互动平衡的方式，实现一台抽油机抽汲2口油井。该设备由永磁同步电动机、减速箱、驱动轮、配重导向轮、调节轮、配重箱、底座等部分组成。运行时通过变频器控制调速换向电动机，驱动缠绕在滚筒上的钢丝绳来带动2口井的柱塞做上下往复运动。利用2口油井载荷维持自平衡，使抽油机负载的变化更加平缓，电动机所做的功仅是用来平衡液柱做功，其能耗要明显小于常规抽油机。

图4—5 塔架式一机双采抽油机现场应用图

（二）技术特点

双驴头式一机双采抽油机保留了四连杆机构，设备维护技术成熟，操作简单。一台抽油机带动 2 口抽油井，可减少耗电，综合节电率可达 30%～50%（不同工况下会有差异）。节省设备，一次性投资减少 20%～40%；游梁可以伸缩，适应 5.2～9 m 的井距（不同机型）。

大庆油田应用的塔架式一机双采抽油机，传动效率高，平衡度高，2 口井通过调节驱动轮的外径可同时在不同冲程情况下运行，生产参数各自可调，冲速、冲程调节方便。

（三）适用范围

一机双采式抽油机适合在平台井上应用，尤其是产能新建阶段按照一机双采式抽油机设计井距，既可节约投资，又能减少能耗。

吉林油田双驴头式一机双采抽油机适用的两井井距为 5.2～9 m（不同机型），其适用范围与常规四连杆抽油机应用范围基本相同，2 口井举升载荷越接近平衡性越好，运行更加平稳和节约电能。虽然一口井作业，另一口井可以正常生产，但是考虑到运行安全，如果一口井修井，另外一口井需要停井。

大庆油田的塔架式一机双采抽油机适用的两井井距为 6.5～9 m，冲程为 2～3 m，冲次为 2～5 次/分钟，主要适合在井深小于 1500 m、日产液量小于 25 t、双井日产液量差小于 15 t 的低产液丛式井上应用。

（四）应用案例

吉林油田：截至 2018 年年底，累计应用一机双采式抽油机 500 多台，较常规设备降低投资 2000 万元左右，投资综合下降 18%，综合节电 30%，500 台年总节电 750×10^4 kW·h，年节电效益 465 万元，单台最多节约投资 34%。

不同机型投资对比见表 4-1。

表 4-1 不同机型投资对比

机型	常规四连杆抽油机（2 台）（万元）	一机双采式抽油机（万元）	节约投资
6 型	20.62	20.65	—
8 型	26.46	24.93	5.80%
10 型	44.98	29.51	34.40%

大庆油田：2013—2019 年，大庆油田第七采油厂共现场试验一机双采式抽油机12 台，平均单井冲程由 2.3 m 调整到 2.5 m，冲次由 4 次/分钟调整到 2.5 次/分钟。与试验前使用的游梁式抽油机相比，平均单井有功功率由 6.2 kW 下降到 3.2 kW，日耗电由 150.93 kW·h 下降到 76.08 kW·h，吨液百米耗电由 3.2 kW·h/(t·100m) 下降到 2.8 kW·h/(t·100m)，节电率达到 48.62%。

单台设备费用为 33.4 万元，2 台八型机的费用为 37.9 万元，降低一次性投入 4.5 万元，年累计节电 34.4×10⁴ kW·h。

三、液压抽油机

低油价条件下，投资和效益的矛盾较为突出，为提高效率、降低投资，开展了液压抽油机举升技术研究。从 2014 年开始进行了四种主机、四种液压系统的现场试验，形成了成熟的主机与液压系统，并在现场应用中达到了降本节能的目。

（一）技术原理

液压抽油机举升系统（图 4-6）由主机、液压站、电控箱三个独立单元构成。工作时由液压站的液压泵向主机的液压缸提供动力驱动，通过液压活塞的伸长和收缩带动活塞上下往复运动，实现提升液体。

图 4-6 吉林油田新立 3#平台 8 口井 "一拖二" 液压抽油机现场应用图

(二) 技术特点

(1) 可以实现一井、双井及多井工作。

(2) 地面液压主机重量只有同型号游梁抽油机重量的 10%～20%。

(3) 可长冲程、低冲次、大泵径举升，减少杆管磨损，延长免修期。

(4) 设备投资低，多井系统，八型抽成本较目前抽油机降低 35%。

(5) 节省占地面积，一站双井系统，能减少土地使用面积 50% 以上。

(6) 设备简单、噪音低、安全性高，能有效降低市区、村屯安全生产事故的发生率。

(三) 适用范围

适用于常规抽油机开采油井，还特别适用于深井、稠油井；尤其适合平台井，易于实现一机多井；地面无裸露运动部件，适于环境敏感地域。

该技术允许一站双井与一站单井两种模式的切换，以适应修井等变化的工况；液压系统需要定期更换与维护液压油与密封件；2019 年新改进的液压主机，其可靠性、故障率有待检验。

(四) 应用案例

吉林油田：液压抽油机在浅井、中井、深井现场共试验 27 套、61 井次。液压抽油机能够方便地调节冲次、冲程，选择节能的工作制度，在使用中发挥长冲程、低冲次的作用，并尽量使两井负载平衡，可达到节电 23% 以上的节能效果。同时，液压抽油机换向次数低、摩擦面长、摩擦速度低，抽油泵、杆管寿命长，可减少盘根更换频率，后期经济效益明显提高。

以目前应用最多的八型机为例，常规抽油机初期投资 26.46 万元，液压抽油机初期投资 17.32 万元，初期单井节约投资 9.14 万元。以节能 23%（日耗电 160 度电）为例，电价 0.62 元/度计算，单井年节约电费 0.82 万元。

不同机型投资对比见表 4-2。

表 4-2 不同机型投资对比

机型	常规抽油机（2台）（万元）	一机双采式抽油机（万元）	液压抽油机（万元）	液压抽油机单井降低投资	
				对比常规抽油机	对比双井抽
5 型	19.44	19.33	14.98	22.94%	22.50%
6 型	20.62	20.65	15.47	24.98%	25.10%

续表4-2

机型	常规抽油机（2 台）（万元）	一机双采式抽油机（万元）	液压抽油机（万元）	液压抽油机单井降低投资	
				对比常规抽油机	对比双井抽
8 型	26.46	24.93	17.32	34.50%	30.50%
10 型	46.74	29.51	21.18	54.70%	28.20%

四、数字化抽油机

长庆油田地处鄂尔多斯盆地，主要采取丛式井组定向井开发方式。由于受低压、低渗等储层物性影响，油田机采系统单井产液量比较低，加上油井间歇出油等地面、地下综合因素，造成油田机采系统效率整体偏低。通过推广数字化抽油机，形成规模化应用效益，提升了机采系统的整体效率。

（一）技术原理

油井数字化控制依托油田数字化平台，采用 PLC 控制器和网络通信技术实现了油井能耗参数从单井到场站中控室的自动采集、远程传输、数据同步更新显示功能，实现了抽油机远程启停控制和无级调参等数字化管理功能。结合"油井工况动态分析系统"实现了油井工况和电参实时分析诊断，达到了系统效率实时监测、运行冲次动态调整的目的。为优化油井工作参数、提高系统效率提供了技术依据。数字化控制技术还集成了基于泵功图诊断的智能调参技术、基于动液面在线监测的智能调参及间开技术、抽油机自动调平衡技术等。

基于泵功图诊断的智能调参技术，针对传统调参方式效率低、强度大、滞后性的问题，研究应用泵功图诊断技术，通过载荷和位移传感器，实时地获取抽油机的地面示功图数据，根据 Gibbs 波动方程计算井下泵示功图，智能提取多种油井的泵功图特征，实时分析有效冲程 SPE 和诊断抽油机的运行工况；智能控制电路根据自学习诊断优化结果，实时自动调整抽油机运行冲次。在保证产液量的前提下，使抽油机在最优生产参数下运行，有针对性地提高油井系统效率，提升油井数字化管理水平。

基于动液面在线监测的智能调参及间开技术，针对目前人工测试油井动液面工作量大、误差大、周期长，无法及时掌握油井液面变化情况，已不能满足数字化油田的发展需要，将超低频、次声波（3~20 Hz）声呐技术应用于油井液面测试，以液位变化为油井智能调参提供依据。该技术采用电磁泵对套管气进行微压缩，以此产生次声波脉冲动态监测液面变化，提高了液面测试的实时性和准确性，测试误差小于1%。将在线式油井液面动态监测技术与数字化集成控制节能装置联动运行，根据动液面测试分析结果，动态调整抽油机运行冲次，并为严重供液不足的油井摸索合理的间抽制度提供了依据，实现了供排平衡，达到液面在线动态监测、油井量化调参的目的。

抽油机自动调平衡技术，针对目前油田在用的常规游梁式抽油机存在的人工调平衡费时费力、效率低、难度大、无法及时调整这一系列问题，依托数字化平台开展了抽油机自动调平衡节能技术研究。采用电功率平衡法（Q/SY 1233—2009），根据力矩平衡原理，通过 EDA 电能监测模块，实时地获取抽油机的上、下冲程的电流及电功率，运算控制电路根据电流或电功率计算得到游梁式抽油机的平衡度，找出油井的不平衡性程度，适当微调具有正、反转特性的伺服电动机进行旋转带动平衡块在游梁上进行移动，通过改变配重的平衡力臂，使平衡扭矩变化曲线最大限度地吻合负载扭矩曲线，从而得到平稳、低峰值的净扭矩曲线，使抽油机达到相对平衡的状态。装置由电气控制系统和机械执行系统两部分组成；电气控制系统一方面诊断抽油机平衡状态，另一方面智能调节配重在游梁臂上的力矩；机械执行系统根据电气控制系统所选择的调节方式进行配重的调节。该项技术实现了抽油机平衡度实时监测、动态分析及自动调整，提高了平衡调节精度，减轻了一线员工的劳动强度，提高了工作效率。图 4-7 为数字化抽油机现场应用图。

图 4-7　数字化抽油机现场应用图

（二）技术特点

数字化抽油机集成应用了油井数字化控制技术、基于泵功图诊断的智能调参技术、基于动液面在线监测的智能调参及间开技术、抽油机自动调平衡技术。技术特点有：

（1）根据油井的实际供液能力，调整抽油机的运行冲次，在保证产液量的前提下，使抽油机在最优生产参数下运行，有针对性地提高油井系统效率，从源头上节能。

（2）提高了电动机功率因数，降低了峰值电流，减轻了电网及变压器的负荷，降低了线损，使抽油机的装机功率降低了一挡。

（3）减少地面和井下设备的机械冲击，降低噪声及振动，延长三抽设备使用寿命，避免了抽油机的无效运转，降低了日常维护成本。

（三）适用范围

该技术具备数据远传和控制功能，能适应数字化油田建设需要，适用于常规抽油机的数字化升级改造。但是，单井升级改造投入成本偏高，投资回收期长。

（四）应用案例

长庆油田：数字化抽油机已在长庆油田累计推广应用 2 万多台，年节电 2.4×10^8 kW·h，平均综合节电率达到 14%。长庆新井投产常用机型系列（含数字化控制柜）投资 14 万~18 万元，实现了抽油机冲次、平衡的自动调节，使抽油系统运行参数匹配更加合理，达到了高效运行。

五、永磁同步电动机

油田机采系统拖动电动机应用的主要是三相异步电动机和一定数量的高（超）转差电动机，这两种电动机属于异步电动机，可以很好地适应油田抽油机的交变负载特性。但作为异步电动机，由于需要外部电源供电进行励磁才能建立转子磁场，因此损耗较大。另外，由于抽油机在一个冲程过程中，大部分时间是低负载运行的，对于异步电动机，在低负载下运行，其电动机效率、功率因数都比较低，导致了能源浪费。为了改变抽油机用异步电动机低效、高耗的问题，各油田应用永磁同步电动机拖动抽油机。由于永磁同步电动机转子磁场是永磁体，无须外部电源励磁，而且在 25%~120% 负载下均可保持较高的效率和功率因数，因此与异步电动机相比效率可以提高 2%~8%，线路损耗也将大幅降低。然而，永磁同步电动机由于其固有的硬特性，如要在抽油机上应用还需解决适应性的问题。

（一）技术原理

电动机是以磁场为媒体进行机电能量转换的一种机电产品。根据电动机学原理，异步电动机的转速不可能等于内旋转磁场的同步转速，其原因在于在转子绕组内先产生感应电动势和感应电流，进而产生电磁转矩，这是基本条件，因此异步电动机又称感应电动机。但是为使转子绕组上有电流流过，除感生方式外，也可以采用传导方式，这就是同步电动机内转子电流的产生方法。

为了建立机电能量转换所需的气隙磁场，电动机磁路需有一定的磁势源来进行励磁，因此电动机分为两种类型：一种是电励磁式，即靠外接电源供给能量进行励磁，如直流电动机；另一种是永磁式，即利用永磁材料的固有特性，经预先磁化（充磁）后，不再需要外加能量就能建立永久磁场，这就是永磁电动机。

永磁同步电动机主要由转子、端盖及定子等各部件组成。永磁同步电动机的定子结构与普通的感应电动机的结构非常相似，转子结构与异步电动机的最大不同是在转子上放有高质量的永磁体磁极。

电动机静止时，给定子绕组通入三相对称电流，产生定子旋转磁场，定子旋转磁场相对于转子旋转在笼型绕组内产生电流，形成转子旋转磁场，定子旋转磁场与转子旋转磁场相互作用产生的异步转矩使转子由静止开始加速转动。在这个过程中，转子永磁磁场与定子旋转磁场转速不同，会产生交变转矩。当转子加速到速度接近同步转速的时候，转子永磁磁场与定子旋转磁场的转速接近相等，定子旋转磁场速度稍大于转子永磁磁场，它们相互作用产生转矩将转子牵入同步运行状态。在同步运行状态下，转子绕组内不再产生电流。此时转子上只有永磁体产生磁场，它与定子旋转磁场相互作用，产生驱动转矩。由此可知，永磁同步电动机是靠转子绕组的异步转矩实现启动的。启动完成后，转子绕组不再起作用，由永磁体和定子绕组产生的磁场相互作用产生驱动转矩。

（二）技术特点

（1）效率高，无须励磁电源，损耗小，且在 25%～120% 的负载下均可保持较高的效率，在轻载时效率远高于普通异步电动机。

（2）功率因数高，运行电流小，配电网损耗小。永磁电动机的功率因数通过永磁体磁场的强弱来决定，经过优化设计，平均运行功率因数可达 0.9 以上。由于异步电动机的平均运行功率因数在 0.4 左右，因此无功节电效果相当显著，平均运行电流能降低 50% 以上，配电网损耗可以降低 75%。

（3）起动力矩大、过载能力强，最大起动转矩倍数达到 3，能够降低装机功率一个机座号，提高了电网容量。

（三）适用范围

适用于负载率较低、供电电压平稳、振动载荷比较小（平衡度好）的抽油机。

永磁同步电动机对供电电压敏感，尤其是电压变化幅度大于10%的环境，用电末端的抽油机，压降比较大，不适合应用稀土永磁同步电动机拖动；高负载下，振动载荷变化比较大，永磁同步电动机节能幅度降低，技术经济性变差。

（四）应用案例

长庆油田：第一采油厂大部分抽油机配普通Y系列电动机，这些油井主要存在的问题是供液不足、冲次过快（冲次在每分钟5次左右），大部分油井日产液量都在2 m³以下，电动机功率都为5.5~18.5 kW，实际运行有功功率只有3 kW左右，抽油机电动机的实际运行负荷仅为其额定输出功率的5%~30%，运行效率低；功率因数都在0.2~0.4之间，运行效率为30%左右，造成电能的大量浪费。

更换TNYC系列永磁同步电动机，经优化设计，可以降低一个机座号，解决了电动机功率匹配过大的问题，进而可以提高电动机的运行效率和功率因数。把原电动机0.2左右的功率因数提高到0.8以上，可以将冲次降到2次，以解决供液不足、冲次过快的问题。平均运行效率显著提高，提高了原来普通电动机的效率（30%提高到90%左右）。

通过测试发现，系统效率由18.16%提高到21.03%，提高了2.87个百分点，日耗电量由47.53 kW·h降低至32.40 kW·h，节电率为31.83%。

长庆油田应用的永磁同步电动机装机功率普遍较小，其中5.5 kW电动机投资0.88万元；7.5 kW电动机投资0.92万元；11 kW电动机投资1.15万元；15 kW电动机投资1.5万元，现场应用平均投资回收期2.9年。

吉林油田：应用永磁同步电动机拖动技术的有2000多口井，平均综合节电率在10%以上。以线路为单元的整体改造，结合参数优化和装机功率优选，使线路功率因数提高、线损率降低，综合节能效果最高可以达到25%。以10型抽油机为例，原装普通电动机功率为30 kW，应用稀土永磁同步电动机优化后的电动机装机功率为22 kW，稀土永磁同步电动机及软启动设备总投资2.5万元，电动机负载率在30%的情况下，以综合节能25%计算，日节电39.6 kW·h，现场用电价格为0.62元/千瓦时，单井年效益为8964.4元，投资回收期为2.79年。

六、开关磁阻电动机

通过低渗透油田大量抽油机的测试发现，游梁式抽油机正常运行时，电动机负载率主要范围为 10%～30%，对应电动机效率范围为 40%～70%，电动机效率提升空间最大。分析电动机效率低的原因，主要表现为：一是电动机恒转速运行与"波动负载"不匹配，电动机"倒发电"现象较为普遍。二是三相异步电动机的"高效区间"与油井工况不匹配，抽油机"重载启动、轻载运行"的特点必然导致"大马拉小车"，正常运行时负载低，对应电动机效率低。

（一）技术原理

开关磁阻电动机是利用转子磁阻不均匀而产生转矩的电动机，又称反应式同步电动机，其结构及工作原理与传统的交、直流电动机有很大的区别。它不依靠定、转子绕组电流所产生磁场的相互作用而产生转矩，而是依靠"磁阻最小原理"产生转矩，即"磁通总是沿着磁阻最小的路径闭合，从而产生磁拉力，进而形成磁阻性质的电磁转矩"和"磁力线具有力图缩短磁通路径以减小磁阻和增大磁导的本性"（开关磁阻电动机结构原理如图 4-8 所示）。开关磁阻电动机的磁阻随着转子凸极与定子凸极的中心线对准或错开而变化，因为电感与磁阻成反比，当转子凸极和定子凸极中心线对准时，相绕组电感最大，磁阻最小；当转子凹槽和定子凸极中心线对准时，相绕组电感最小，磁阻最大。

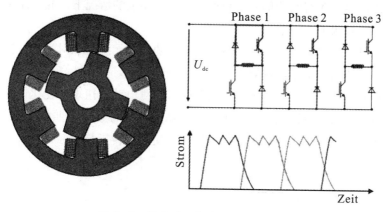

图 4-8 开关磁阻电动机结构原理图

（1）开关磁阻电动机。电动机定子和转子呈凸极形状，极数互不相等，转子由叠片构成，定子绕组可根据需要采用串联、并联或串并联结合的形式在相应的极上得到径向磁场，转子带有位置检测器以提供转子位置信号，使定子绕组按一定的顺序通断，电动机磁阻随着转子磁极与定子磁极的中心线对准或错开而变化，保持电动机的连续运行。该电动机工作原理遵循磁阻最小原理，即磁通总是沿着磁阻最小路径闭合。

（2）控制器。控制器由嵌入式微处理器、可编程逻辑器件和 IGBT 驱动及保护电路等组成。控制器根据转子位置信号，通过控制绕组电流开通和关断，使电动机可在四象限运行，实现电动机的连续运转、制动、点动及位置保持功能。

（二）技术特点

（1）系统效率高。开关磁阻电动机调速系统在其较宽的调速范围内，整体效率比其他调速系统高出至少 10%。在低转速及非额定负载下，高效率则更加明显。

（2）调速范围宽，低速下可长期运转，在零到最高转速范围内均可带负荷长期运转；电动机及控制器的温升均低于工作在额定负载时的温升。

（3）功率因数高，在空载和满载下的功率因数均大于 0.8。

（4）可实现软启动，启动转矩大，启动电流低，过载能力强。开关磁阻电动机调速系统起动转矩达到额定转矩的 150% 时，起动电流仅为额定电流的30%，对电网无冲击。

（5）可频繁起停，及正反转切换。开关磁阻电动机可频繁起动和停止，频繁正反转切换。在有制动单元及制动功率满足要求的情况下，起停及正反转切换可达每小时两千次以上。

（6）可靠性很高。由于开关磁阻电动机的转子无绕组和鼠笼条，抗冲击能力强，转子转动惯量小，频繁正反转时机械强度高，可靠性高。

（7）开关磁阻电动机的内置传感器能够检测电动机扭矩的变化情况，通过传感器将扭矩信息反馈到控制系统中，控制系统就可以通过曲柄转角的检测，计算出相应的转矩，从而调节电动机转速，使输出转矩与实际相符，抑制电动机的反发电。

（三）适用范围

开关磁阻电动机适用于交流电压为（380±76）V，频率为 50 Hz，环境温度为 −30℃～+65℃，相对湿度为 10%～90% 时；电动机绝缘等级为 F 级，外壳防护等级为 IP54；可用于替代游梁式抽油机拖动装置，特别适合于负载率在 10%～30% 之间的电动机提效，以及泵效≤40% 且工况变化大的抽油井，平均可提高电动机运行效率 10 个百分点以上。与"三相异步电动机＋变频"相比，开关磁阻电动机一次投入成本较高、噪音稍大（平均噪音≤75 分贝），需要特制的电控箱，电控箱里精密元器件较多，需要防高温、防风沙的特殊设计，购置和维护成本较高。

（四）应用案例

长庆油田：2013—2019 年，先后在采油三厂、九厂、八厂共 215 口井应用开关磁阻电动机，最长无故障运行时间超过 5 年。采用开关磁阻电动机替代三相异步电动机，工程设备总投资 473 万元。与"三相异步电动机＋变频"相比，按照一次投入费用计，新增 7000 元/口，日节电 19.2 千瓦时/口，电单价为 0.62 元/千瓦时，设计寿命 10 年，以年正常运行 300 天计算，每年可节约电费 3571 元/口，差价投资回收期为 1.93 年，投入产出比为 1：5.18，万元投资节能量为 2.75 tce。运行中除部分易损件更换外，未发现其他问题。

新疆油田：沙南井区将 10 台常规 Y 系列电动机和控制箱更换为开关磁阻电动机调速系统，投资 40 万元，平均有功节电 20%，节电 9×10^4 kW·h/a，电价 0.38 元/千瓦时，综合经济效益为 8 万元，投资回收期为 4.9 年。

七、永磁半直驱电动机

游梁式抽油机的工作机理是通过曲柄连杆将机械减速齿轮箱的旋转运动转变为抽油杆的往复运动。其中减速箱由感应电动机经过皮带连接。牵引式的驱动对变速箱产生单方向受力，引起变速箱轴承变形，齿轮磨损过大。游梁式抽油机有原电动机、皮带、齿轮箱三个旋转驱动环节。原电动机通常为异步电动机，负载能力低，平均效率和平均功率因数不高。齿轮箱需要定期更换润滑油，容易产生渗油、漏油等环境污染问题。皮带非常容易打滑、磨损，通常每年需要更换 4~5 次。随着磨损程度的增加，传动效率降低。针对以上问题，为了能够节能降耗，油田应用了永磁半直驱电动机。

（一）技术原理

抽油机用永磁半直驱电动机是专为油田游梁式抽油机设计的低转速大扭矩同步拖动装置，它取消了皮带传动系统，利用超薄机身直接驱动减速箱输入轴，高效节能，安全可靠。

该装置采用高性能开环矢量变频器和无速度传感器矢量控制技术，以 DSP 芯片为控制核心，保证了可靠性和对各种环境的适应性，功能强，使用灵活，转速调节范围大。

运行过程由 PID 控制，支持直流电源的输入，具有过压失速保护、欠电压调节、逐波限流等功能，负载突变时，可避免变频器频繁跳闸。

永磁半直驱电动机采用软性连接，结构简单，安装方便，可根据需求定制性能与外形尺寸，特别适用于现有抽油机的节能升级改造。图 4－9 为采用永磁半直驱电动机的抽油机现场应用图。

图 4－9　采用永磁半直驱电动机的抽油机现场应用图

（二）技术特点

（1）直接安装在减速机轴身上，不改变原设备的任何尺寸和部件，无皮带传动机构，节省了皮带减速机构的初期成本及后期维护成本，减少了检修及维护工作量。

（2）无须维护皮带减速机构，提高系统传动效率。永磁半直驱电动机的节电率为 10％～30％，因为不需要皮带传送，所以提高了 10％～15％的传动效率，且永磁半直驱电动机在低负载时的效率接近额定负载效率。

（3）系统更安全。取消了易造成人员伤害的皮带机构，使系统运行更安全。

（4）提高了系统寿命。皮带减速机构对抽油机减速机最大的危害是皮带会给减速机施加一个单边拉力，使得减速机轴承及支撑件出现偏磨现象，减少零部件寿命；而永磁半直驱电动机避免了这些问题，有效提高了系统寿命。

（5）系统直接显示冲次。永磁半直驱电动机是同步电动机的一种，所以不存在转差率，其转速平稳，不会因负载加大而丢转。又因为取消了皮带，不存在打滑的问题，所以可以做到无传感器测速，进而计算出冲次，减小了查冲的工作量。

（6）节能降耗。永磁半直驱电动机负载能力强，耗能少，有效避免了出现"大马拉小车"的现象。

（7）起动转矩大，平衡块在任何位置都可以起动和停机，运行平稳，可减少洗井次数。

（8）可以通过调整电动机频率来改变冲次，最低冲次可以达到 0.1 次/分钟，从而彻底解决间抽油井和贫油油井冲次低的问题，运行平衡。

（三）适用范围

永磁半直驱电动机适用于所有抽油机井，尤其适用于间抽油井和低产液油井。目前该装置运行需要使用配套同步变频控制柜，与异步变频控制柜不兼容，若变频控制柜出现故障而不能及时维修（无法适用其他变频控制柜代替），只能停机。另外，安装难度较高，安装时需要在原抽油机减速箱底座进行焊接。

（四）应用案例

大庆油田：2019 年，大庆采油六厂应用 20 台永磁半直驱电动机，按照节能监测站中心测试，平均有功节电率为 14.13％，平均无功节电率为 13.68％，平均综合节电率为 14.12％。其总体节能效果见表 4-3。

表 4-3 永磁半直驱电动机总体节能效果

状态	有功功率（kW）	功率因数	平均系统效率（％）	有功节电率（％）	综合节电率（％）
原态	8.54	0.7714	55.31	14.13	14.12
节态	8.02	0.7348	61.61		

以 45 kW 电动机为例，产品单价为 84500 元/台，使用后平均日节电 12.48 kW·h，年节电（以 360 天生产周期计算）0.45×10⁴ kW·h，年节约电费 0.29 万元；年节约更换皮带费用 0.60 万元（按两次更换计）；增产增油

收益为 1.80 万元；投资回收期为 3.15 年，如不考虑增油效果，投资回收期为 9 年。

辽河油田：辽河曙光采油厂对该技术进行现场试验，通过对该井原态和节态进行测试评价，该设备综合节能率为 21.48%，单井日节电 41 kW·h，年可节约直接成本 0.96 万元；此外不停井调参，增加效益 0.45 万元；去掉皮带传动系统，年减少更换皮带费用 0.22 万元。预计该井年增加效益 1.63 万元。

大港油田：永磁半直驱电动机在大港油田第五采油厂第三采油作业区歧 411-1 进行试用，计划投资 8 万元。电动机直接驱动减速机，无皮带、皮带轮等产生传动损耗的减速装置，节省了减速装置产生的传动损耗；无须更换、调节皮带。电动机每半年注油一次即可。投入使用以来，该电动机一直平稳运行，取得了良好效果。电动机节电率为 9%，节约费用 0.84 万元，节约材料费、维修费用 3.5 万元，共计 4.34 万元。按照 8 万元/台计算，1.86 年即可回收成本。

八、不停机间抽控制技术

（一）技术原理

抽油机不停机间抽控制技术的主要原理：给抽油机加装智能控制器，使曲柄以整周运行与摆动运行组合的方式工作，将长时间停机的常规间抽工艺改为曲柄低耗摆动、井下泵停抽的不停机短周期间抽工艺。

抽油机不停机间抽配电箱包括：电参监测传感器、电动机转速传感器、曲柄位置传感器、智能控制器、变频驱动器。

为进一步降低设备成本和运行能耗，该技术配套完善了低成本控制和曲柄无冲击低能耗摆动技术，充分发挥了不停机间抽控制技术的效果。

低成本控制技术：整周运行采用工频驱动，摆动运行采用变频驱动，由于摆动运行负载低，驱动器采用电动机功率 50% 的配置，可降低成本；利用曲柄摆动过程进行重力加速达到工频运行速度时，顺势完成工频和变频之间的切换，解决了工频启动电冲击的问题。

曲柄无冲击低能耗摆动技术：变频驱动器控制电动机，在负载最低点附近利用曲柄势能与动能的转换，以柔性加载断续供电的方式，顺势而为地实现曲柄低能耗摆动。

（二）技术特点

停抽时曲柄做低能耗小角度摆动；摆动时杆柱运动控制在弹性变形范围内，井下柱塞保持不动；摆动时杆柱在井筒中扰动井液，防止冻井口和井筒结蜡；到设定间隔，电动机自动柔性启动，抽油机连续运行抽油；抽油时井下动液面基本稳定、地面抽汲参数合理匹配，实现高效运行。

（三）适用范围

适合在常规间抽井上配备电控箱，进行升级改造。

（四）应用案例

大庆油田：2016 年，在大庆采油九厂开展了前期试验，对 56 口应用不停机间抽控制技术的油井进行了试验，取得了良好的效果。

节电效果明显：与连续运行技术相比，节电率达 44.9%，系统效率提高了 7.8 个百分点（表 4-4）；与常规间抽技术相比，节电率为 36.7%，系统效率提高了 3 个百分点（表 4-5）。

表 4-4　不停机间抽控制技术与连续运行技术对比表

运行方式	工作制度	日产液量（t）	日耗电（kW·h）	系统效率（%）	单井年节电（kW·h）
连续运行	开井 24 h	3.88	117.5	8.2	18308
不停机间抽	运行 16 min 摆动 14 min	3.72	64.7	16.0	

表 4-5　不停机间抽控制技术与常规间抽技术对比表

运行方式	工作制度	日产液量（t）	日耗电（kW·h）	系统效率（%）	单井年节电（kW·h）
常规间抽	开井 12.6 h 关井 11.4 h	1.87	72.7	10.9	9258
不停机间抽	运行 8 min 摆动 22 min	1.97	46.0	13.9	

有效延长检泵周期：56 口油井泵效由 20.2% 提高到 32.1%，上升了 11.9 个百分点，泵况明显得到改善，抽汲次数减少了 37.1%。截至 2016 年年底，

新肇作业区新 218−82 区块 19 口油井已运行 400 天，与 2015 年同期相比，因泵漏失检泵率下降了 21 个百分点。

2016 年 10 月，由节能技术监测评价中心对新肇作业区新 218−82 区块 19 口油井进行了第三方节能测试评价。整周运行 10 分钟，摆动运行 20 分钟，摆动运行日耗电为 10.3 kW·h，平均泵效提高 8.6 个百分点，每天开井减少 7.7 小时，日节电 33.6 kW·h，节电率为 33.9%，系统效率提高了 3.3 个百分点。

从 9Z212−S114 井试验前后的功图对比可以看出，试验后功图面积较采取措施前增加了 35.3%，消除了因供液不足带来的液击及干磨问题。

抽油机不停机间抽型配电箱，平均价格是 4 万元左右，节电效果比较好，投资回收期约为 4.6 年。综合衡量减少日常损耗的运行费用、延长检泵周期节省的作业费用、减少巡井的车辆台班费用，该项技术可在 2.5~3 年之间收回投资。

九、智能间抽控制技术

为了满足油井供排协调和提高有杆泵举升效率，抽油机间抽生产已成为重要的生产方式。间抽控制技术历经了人工间抽、自动间抽和智能间抽三个阶段。目前，智能间抽控制技术已建立了以目标产液量和泵的充满度为依据的智能间抽制度判断方法，实现了自学习、动态间抽等功能。

（一）技术原理

智能间抽控制技术分为间开软件和硬件控制两部分，其在长庆油田和玉门油田都进行了应用。

长庆油田应用的智能间抽控制技术，间开软件以合理流压及流压差值为依据，建立了充分考虑泵筒充满度、冲程损失、抽油泵漏失和压缩系数等因素的油井井筒采出能力数学模型，并以此绘制了不同抽油机类型间抽选井和制度图版，研发了低液量油井间开计算软件，可以实现与 A2 数据库的对接，实时计算常规间抽制度、密集间抽制度。

在硬件方面，长庆油田研发了抽油机自动启停和刹车装置。自动启停装置通过人工输入油井间开启动时间、停止时间后，自动控制间开井启停，可实现全天密集启停功能。自动刹车装置可接收数字化抽油机的远程启停信号，配合间开制度启停指令自动松、紧刹车，具有信号反馈功能（防止未松刹车启井）。自动启停模式，如遇到停电、作业等情况，可切换至手动模式进行启停。

玉门油田应用的间开设计采用以日生产时间、电动机的平均输入功率、平均产液量进行优化组合，在保证日产量不变的情况下使日耗电最低的专利技术。在硬件方面，玉门油田开发了带自动间抽、远程冲次调节的超低功耗的抽油机变频器，控制实现了间开运行。

（二）技术特点

（1）间开选井和制度更合理。解决了现场间开井选井依据不明确、间开制度需要长周期摸索等问题。

（2）降低了人员劳动强度。实现了间开井的自动化管理，不需要人工巡井启停，避免了人工启停潜在的、不可控的风险，且增加了间开井实施力度，提升了低液量井的生产效益。

（3）降低了低液量井的开井时率，提高了泵效，大幅度降低了管杆泵磨损，延长了油井检泵周期，延长了管杆寿命，减少了维护性工作量。

（4）能耗大幅度下降（合理设计现场实践表明，能耗降低了30%～70%，与连续生产优化相比可再节能20%以上）。

（三）适用范围

适用于低效中低产抽油机井，建议抽油机井日产液量一般在0.1～10 t/d范围，沉没度低于100 m，且示功图显示供液不足，需要抽油机具备数字化远传功能。冬天如果停井会导致管线冻堵。

（四）应用案例

长庆油田：2016—2018年累计应用2.6万井次，节电1.56×10^8 kW·h，节约电费9698.9万元，取得了较好的经济效益。2019年至今，全油田已实施油井间开14716口，较去年同期增加了3800口。间开井前后产量保持稳定，平均泵效由23.2%提高到38.9%，平均机采系统效率由14.4%提高到16.9%，日耗电从67.6 kW·h降低到38.4 kW·h，实现累计节电4618×10^4 kW·h，降低维护性作业3878井次，累计节省费用8292万元，实施效果显著。平均单井投资约1万元/套，投资回收期为0.85年。

玉门油田：2015年，老君庙采油厂实施无极间开测控技术节能改造100口井，验收测试96口井，96口井平均单井日产液量由优化前的0.69 t/d提高到0.83 t/d，平均单井日耗电由优化前的37.6 kW·h下降到优化后的13.2 kW·h；平均吨液百米耗电由优化前的8.28 kW·h/(t·100m)下降到优化后的 2.42 kW·h/(t·100m)，平均有功节电率为 70.77%；平均吨液百米无功耗电由优化前的 31.26 kvar/(t·100m) 下降到优化后的 2.67 kvar/(t·100m)，平均无功节电率为 91.46%；平均功率因数由优化前的 0.3186 提高到优化后的 0.6472；平均综合节电率为 72.88%。平均系统效率由优化前的 3.29% 提高到优化后的 11.64%，平均提高 8.35 个百分点；平均泵效由优化前的 6.37% 提高到优化后的 28.02%，提升了 21.65 个百分点。具体见表 4—6。

表 4—6　老君庙采油厂实施无极间开测控技术改造前后对比表

项目	改造前	改造后	应用效果
产液量（t/d）	0.69	0.83	产液量按不变考虑
平均输入功率（kW）	1.566	0.548	减少 1.018
平均系统效率（%）	3.29	11.64	提升 8.35
平均泵效（%）	6.37	28.02	提升 21.65
平均吨液百米耗电［kW·h/(t·100m)］	8.28	2.42	减少 5.86
平均功率因数	0.3186	0.6472	提升 0.3286
平均有功节电率（%）			70.76
平均无功节电率（%）			91.46
平均综合节电率（%）			72.88
平均检泵周期延长			0.7076 倍

按现行节能量计算标准，实施无极间抽 100 口井，优化后平均单井日耗电由优化前的 37.6 kW·h 下降到优化后的 13.2 kW·h，平均单井年节能量［(37.6－13.2)×350＝］8540 kW·h，100 口井年节能量达到 85.4×10⁴ kW·h，若按每度电 0.6 元计，平均单井年节约电费 5124 元，100 口井年节约电费 51.24 万元。

由于能耗下降，油井平均检泵周期将得到与节电率相当幅度的延长，老君庙采油厂抽油机井优化前平均检泵周期为 500 天，若平均单井每次检泵作业费按 35000 元计，实施无极间抽 100 口井，平均延长检泵时间 207 天，每年节约检泵作业费 102.48 万元。具体见表 4—7。

表 4-7 老君庙采油厂实施无极间开测控技术改造的效益计算表

项目	改造前	改造后	应用效果
平均单井日耗电 (kW·h)	37.6	13.2	节约 24.4
平均单井年电费 (元)	7896	2772	节约 5124
平均检泵周期 (天)	500	707	延长 207
平均单井每次检泵作业费 (元)	35000	24752	节约 10248
总投资额 (万元)	380		
年综合经济效益 (万元)		153.72	
静态投资回收期 (年)		2.47	

综上所述，老君庙采油厂实施无极间开测控技术节能改造投资为 380 万元，年节能量为 85.4×10^4 kW·h，依据标准煤发电量 0.334 kgce/(kW·h) 计，年节能量折算标准煤 285.24 t，年综合经济效益为 153.72 万元，静态投资回收期为 2.47 年。

新疆油田：百 21 井区将 80 台普通控制箱更换智能间抽控制系统，投资 140 万元，平均有功节电 35%，节电 40×10^4 kW·h/a，综合经济效益 35 万元，投资回收期为 4.0 年。

十、丛式井组数字化集中控制技术

油田抽油机负载是独具特点的时变负载，电动机的起动力矩是抽油机实际负载的 3~4 倍，这样就造成了所谓的"大马拉小车"的现象。因电动机功率增加，相应地增加了变压器的选配容量，造成变压器容量偏大，能耗相应增加。

(一) 技术原理

以油井生产参数为基础，以影响机采井系统效率主要因素为依据，集成应用了共直流母线、无级变频调参、软启动、动态功率因数补偿、动态调功五项节能技术，实现了对油井生产参数的优化，达到集中控制、综合节能的目的。

共直流母线技术：多台抽油机的控制变频器共用一台整流器，将其直流母线并联在一起，可实现抽油机载荷在不平衡时将下冲程运行所发电能贮存在变频器电容中，以供给其他抽油机使用（原理见图 4-10）。

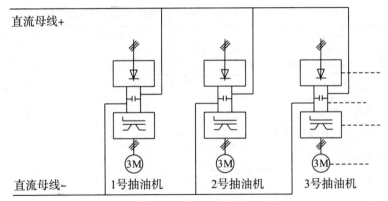

共直流母线节能原理图

图 4—10　共直流母线技术原理图

新疆油田应用的共直流母线技术是令区块内的多口油井（半径为 3 km）共用一台变压器和一台整流滤波器装置，将三相交流电（AC 380V）逆变为两相直流（DC 540V），完成"交—直"变化，用直流母线输送到多个单井，单井配备"直—交"逆变器，完成电动机拖动。变压器低压侧采用 600 A 全波整流、LC 无源滤波装置等，实现直流无谐波供电。

无级变频调参技术：装置可实现抽油机上冲程快，降低了泵的漏失；下冲程慢，提高了泵的充满度，从而提高泵效。

软启动技术：应用全矢量控制型变频器的低频转矩提升功能，使频率从零开始逐渐增大到 50 Hz，而转矩保持在电动机启动转矩的 1.5 倍。实现软启动功能，减少因启动时全电压大，电流对设备和电网产生的冲击和扰动。

动态功率因数补偿技术：该装置可根据电动机的运行状态来改变输出，也就是说，变频器以每秒 5000 次的速度使电动机功率因数趋近于 1，把所有电能都用来做有功功率，使无功功率趋近于零。功率因数从工频运行模式的 0.3 左右提高到变频运行的 0.9 以上。

动态调功技术：装置可根据电动机负载电流的变化，自动改变加在电动机上的端电压，即负载轻、电流小，加在电动机上的端电压就小，电动机功率就小，达到根据油井负载变化动态调整电动机功率的目的。

（二）技术特点

（1）可实现电动机大扭矩、低转速启动，大幅降低了启动输入功率，可用较小的电动机与之匹配，避免"大马拉小车"的现象。

（2）可根据油井的实际供液能力，动态调整冲次，减少空抽，减少杆柱磨损。

（3）实现了真正意义上的软启动，降低了启动电流和冲击载荷，延长了设备的使用寿命。

（4）提高了功率因数，由安装前的 0.3 提高到安装后的 0.9 以上，降低供电电流，减少供电线路损耗。

（5）"一变多井"模式，实现了变压器减容，客观上起到了电网扩容的效果。

（三）适用范围

新疆油田采用的共直流母线技术，是将直流电经输电系统传输至井口，由于采用了直流输电，消除了电流的集肤效应，能够有效利用架空线的导线截面积极大降低线损，提高线路的输送能力，延伸送电距离。但是需要专用电气元件，采购不方便。而交流电大电流输送时存在集肤效应，导线芯部无电流通过，需增大导线横截面积，且存在无功电流，降低了导线的有功传输能力，造成网损大。但是交流元件通用，易于采购、更换。

改造过程中由于将原输电电压由 6 kV 降低为 540 V，增加了输电线路的损耗，适用于 6（10）kV 输电线路末端区域进行改造。

共直流母线技术在逆变器处产生的谐波较大，逆变器产生的谐波经过滤波单元后，电能质量满足《电能质量 公用电网谐波》（GB/T 14549—1993）中≤5％的规定，但是其谐波仍然对 PLC 单元造成影响，需要再增加隔离变压器。此外，该技术应用区域，修井作业无法用电，只能采用自备发电机进行作业。

（四）应用案例

长庆油田：该技术已在长庆油田累计推广应用 1966 口油井，每年节电 1376×10^4 kW·h，节约电费 1101 万元。长庆油田丛式井组单井投资 2 万元，综合节电率为 20％，投资回收期为 3 年。

新疆油田：2018 年，新疆油田分公司（采油一厂）采用了该技术对红联二线末端红 032 井区进行了改造。工程设备总投资 99 万元，改造前该区域 9 口油井、1 口注水井、1 座计量撬采用 6 kV 电压单井单变模式供电；改造后平均单井消耗功率由 4.11 kW 下降为 4.06 kW，平均产液单耗由 10.57 kW·h/t 下降为 8.25 kW·h/t，年综合经济效益为 207 万元，万元投资节能量为 0.48 kgce。

十一、抽油机智能控制技术

抽油机井生产过程中存在低产、低效、产液量波动大、系统效率低、运行能耗高等问题，长庆油田在分析系统效率影响因素的基础上，研究形成了根据地层供液能力自动控制冲次和根据抽油机悬点负载实时调整单周期内运行速度、加速度以及时长的智能控制技术和运行管理平台；华北油田研发了抽油机柔性运行闭环控制一体化装置并制定了抽油机井智能控制技术企业标准，为建设华北智慧油田提供技术支撑。

（一）技术原理

智能控制基本原理：以抽油机井井口产液量或动液面深度作为调整抽油机井抽汲工作制度的控制依据，当油井产液量或动液面深度超过某一临界值时，智能控制装置依据当前产液量或动液面深度自动计算新的抽汲工作制度，并自动控制抽油机井进行调参。如果新的抽汲工作制度仍然达不到预设的目标值，则重复进行上述步骤，直到使抽油机井的生产状态达到供排协调为止。

抽油机柔性运行控制基本原理：智能变速控制器实时采集电动机运行电流和功率数据，内置程序基于电流监测—频率控制—载荷验证的方式进行抽油机柔性运行控制输出，将频率控制信息输出到变频器，进而控制电动机实现变速运行、按需输出。柔性控制可以降低抽油杆柱的振动载荷与电动机的负载波动，大幅降低能耗，改善工况。

（二）技术特点

（1）可自动调参，实现快提慢放。智能控制器会实时采集抽油机井的示功图和电参数进行分析计算、控制变频器输出，从而实现抽油机井的自动供采协调闭环控制和单周期内的变转速柔性控制。

（2）可通过变频实现电动机软启动，大幅度降低启动电流，以实现抽油机驱动电动机容量的降级配置。

（3）变频降冲次和优化上下冲程速度，可改善抽油杆的循环特性和受力状况，延长抽油杆的使用寿命；机采井的使用寿命和检泵周期可延长30%以上，节约机械维修和井下作业费用。

（4）可提高功率因素。电动机功率因数可由 0.25～0.50 提高到 0.8 以上。

（5）具备数据远传功能，使监测参数更全面。

（三）适用范围

适用于游梁式抽油机举升系统的地面控制系统升级，系统供电电压为380 V，适用于泵效≤40％且工况变化大的抽油井。控制箱里精密元器件较多，需要具有防高温、防风沙功能的特殊设计，购置和维护成本较高。

（四）应用案例

长庆油田：应用智能控制技术，根据油井供液状况自动调整抽汲参数，减少了空抽现象，提高了系统效率。2018 年，在王南作业区安装 200 台机采井系统效率远程控制柜，吴堡作业区安装 200 台机采井系统效率远程控制柜，共64 个井场计 400 口井，经过近一年的运行证明了其节能效果明显。

根据长庆油田节能检测中心的监测报告：对比测试安装了机采井系统效率远程控制柜的 229 口井，抽油机井平均有功功率降低 0.72 kW，产液量增大0.16 m³/d，产液单耗降低 9.87 kW·h/t。节能率平均值为 27.61％，有功节电量为 175.07×10⁴ kW·h/a，有功节电量折合标准煤 584.74 tce/a。尚缺少投资、投资回收期测算数据。

华北油田：2013—2018 年共试验应用智能控制技术共 572 口井，冀中及二连地区都已实现规模应用，累计投资 2925 万元。实施后，平均单井有功节电率＞19.68％，累计节电 996.14×10⁴ kW·h，平均延长检泵周期 35％以上，累计减少检泵 142 井次，节支效益为 937.2 万元，累计增油 29079.2 t，增油效益为 6800.64 万元，获综合经济效益约 8250 万元。计算投资回收期，约为2.13 年。

新疆油田：石西油田将 50 台普通控制箱更换了智能变频控制系统，投资为 220 万元，平均有功节电率为 20％，节电 19×10⁴ kW·h/a，综合经济效益为 45 万元，投资回收期为 4.8 年。

十二、直驱螺杆泵

普通地面驱动螺杆泵采油技术与游梁式抽油井相比在油稠、出砂、含气等类型的油井具有更好的适应性，并有良好的节能效果，但普通地面驱动螺杆泵地面驱动部分由电动机、皮带、减速器组成，减速系统能量损失较高，同时，由于电动机高架偏置于井口一侧，大功率运行时井口振动大，皮带减速器齿轮磨损快，影响安全运行。

（一）技术原理

直驱螺杆泵由地面直接驱动装置、抽油杆柱和井下螺杆泵 3 部分组成。地面直接驱动装置由智能控制器和永磁同步电动机组成，直驱螺杆泵直接由永磁同步电动机驱动，改变了常规螺杆泵驱动使用减速器和皮带的传动方式，电动机驱动控制器通过指令输入进行设置，实现了电动机速度预设置、适时速度调节、驱动转矩调节、软启动、软停机等功能，从而实现了对螺杆泵负载的直接驱动。

（二）技术特点

与常规驱动装置做对比，直驱螺杆泵主要具有以下特点：

（1）节能效果明显。普通异步电动机在额定负荷下效率一般在 85% 左右，而直流永磁电动机在 50% 以上负荷时效率可达到 95% 以上，在轻载和重载范围内功率因数都较高。另外，皮带、减速器机械传动部件的取消减少了约 20% 的功率损失，通过电动机直接驱动光杆，传动效率可以达到 98%。

（2）设备运转更加平稳。常规驱动装置为偏置式结构，不利于高井口、高转速条件下的运转，而直驱螺杆泵重心位于空心轴轴线，运转更稳定。直驱螺杆泵控制系统具备软启动和软停机功能，特别是停机后采用电动机反转产生的电能进行制动，可以自动把抽油杆积存的扭矩释放，减小了启机时冲击载荷对抽油杆的影响。

（3）维护费用降低。常规驱动装置需要对皮带、减速箱等易损件进行定期维护及每年更换 2 次齿轮油，而直驱螺杆泵只需对电动机和机械密封部件进行维护，年减少单井维护费用 2000 元左右。

（4）方便日常管理。使用直驱螺杆泵，结构简单，无齿轮、皮带等传动部件，日常管理中只需对机械密封性和电动机等运动部件进行检查。

（三）适用范围

直驱螺杆泵适合油稠、出砂、含气的机采井，泵挂小于 2000 m 的直井。受电动机输出扭矩限制，直驱螺杆泵一般适用于扭矩小于 1500 N·m，泵型小于 1200 mL/r 的工况。电网电压波动范围：额定电压的 ±15%。需注意井下螺杆泵的定子为易损件，一般使用 2 年就需要进行更换；为了延长其使用寿命需要根据油品性质进行定子橡胶的配伍性试验和针对性制造。

（四）应用案例

大庆油田：2017 年，第五采油厂针对应用老式普驱螺杆泵井存在的反转风险大的安全隐患问题，采取更换直驱螺杆泵装置的措施。共计应用 50 套直驱螺杆泵装置，投资 358.93 万元（不含税）。与采用普驱螺杆泵相比，采用直驱螺杆泵具有节能效果明显、设备运转平稳、维护费用降低、日常管理方便等优点，综合节电率为 18%。应用该装置的单井平均耗电量以 200 kW·h 计，年节电为 $[（200×18\%×365×50)/10000＝]$ $65.7×10^4$ kW·h，电费为 0.6371 元/千瓦时，计算节约电费为 $(65.7×10^4×0.6371＝)$ 41.86 万元。若不考虑设备折旧，以直驱螺杆泵替换普驱螺杆泵的投资回收期为 8.58 年。

新疆油田：将百 21 井区 10 台游梁式抽油机更换为直驱螺杆泵举升，投资 350 万元，平均有功节电 35%，节电 $15×10^4$ kW·h/a，综合延长检泵周期；综合节电等经济效益为 76 万元，投资回收期为 4.6 年。

十三、等壁厚螺杆泵

常规的螺杆泵节能效果好，投资成本低，已成为第二大举升方式，但运转的中后期泵效下降，动液面上升，调参效果差，油井产能不能充分发挥，检泵周期短，应用井数受到限制。

泵效下降的原因：一是常规螺杆泵定子内表面是双螺旋曲面，橡胶厚薄不均，导致橡胶定子的受力和变形不同，不同厚度橡胶的溶胀、温胀不相同。工况条件下，在井液及温度作用下，改变了定子的初始设计型线，使"跑道"型变成"哑铃"型，降低了定转子配合精度，导致泵效下降，扬程降低，扭矩增加。二是常规螺杆泵热积聚效应明显，转子在定子型腔中高速运转产生的热量主要聚集在橡胶最厚的部分，过高的温度会使橡胶物性发生改变，导致定子过早失效，寿命缩短。三是同厚度的定子橡胶受力和变形不同，容易造成局部疲劳失效。

（一）技术原理

等壁厚螺杆泵对杆泵结构和参数进行了优化，改变定子钢体的形状，将定子橡胶衬套设计成均匀厚度，解决了常规螺杆泵溶胀、温胀不均和热量聚集等问题。

（二）技术特点

（1）均匀的橡胶膨胀，改善了泵的工作性能。等壁厚螺杆泵定子橡胶溶胀、温胀均匀，最大变形量可减小 58%，因此，运转时具有更好的型线和尺寸精度，泵密封性能好，有利于长时间维持高泵效。

（2）良好的散热特性，延长了螺杆泵的工作寿命。等壁厚螺杆泵定子橡胶层薄且均匀，具有良好的散热性能，温升低，最高温升降低了 42%，可以有效减缓橡胶的热老化，延长泵的使用寿命。

（3）单级承压高，提高了系统效率。均匀厚度的橡胶衬套在动态过程中抵抗变形的能力好，单级承压高，举升扬程高，摩擦损失小，运转扭矩低，提高了系统效率。

（三）适用范围

特别适用于高压工作环境，配合螺杆泵固有的防砂性能，等壁厚螺杆泵在高含砂、高压井的开采中更具优势。直驱和皮带驱动螺杆泵都可进行等壁厚技术的改造。

泵型选择，应以待选择泵型在泵效 70% 左右、转速 70~90 转时可满足生产液量要求为宜；最大下泵深度选择时应考虑井口回压及液体沿程阻力影响，一般推荐最大下泵深度为泵额定扬程加 100~200 m。

（四）应用案例

大庆油田：经过多年的持续攻关，等壁厚螺杆泵已成熟配套，油田累计应用 682 口井，各项指标相比常规螺杆泵有了大幅度提升，举升能力也有提高，使油井产能得到充分发挥，为提高螺杆泵整体应用水平提供了技术支持。

一是检泵周期明显延长。等壁厚螺杆泵平均检泵周期为 712 天。500 型及以下 17 口井，检泵周期为 745 天，比常规螺杆泵延长了 137 天；500 型以上 12 口井，检泵周期为 666 天，比常规螺杆泵延长了 105 天。

二是维持长期高效生产。免修期已达 950 天的在运转井，平均泵效仍保持在 60% 以上。SP38 井等壁厚螺杆泵运转了 550 天，泵效和动液面稳定，免修期已达 993 天；邻井 SP40 常规螺杆泵运转 660 天，严重漏失检泵。

三是中后期调参范围广。在提高相同转速的情况下，等壁厚螺杆泵产液量增加 22.4%，泵效只降低了 3.4%，常规螺杆泵产液量增加 8.6%，泵效降低了 11.3%。

四是工作扭矩大幅下降。相近工况，等壁厚 500 型螺杆泵比常规 800 型螺杆泵扭矩下降 42.9%。为了充分发挥等壁厚螺杆泵泵效高、工作扭矩低的技术优势，可根据油井产能，选择小泵高转速，使螺杆泵井处于最佳工作状态，提高螺杆泵井的安全性能，并进一步节能和降低投资。

五是节能效果明显。平均泵效为 49.7%，平均系统效率为 30.53%，与同区块常规螺杆泵相比，泵效提高了 1.2 个百分点，系统效率提高了 3.62 个百分点，节电率为 9.4%，按等壁厚螺杆泵平均单台 17118 元计算，投资回收期为 3.3 年。

大庆油田采油三厂现场应用等壁厚螺杆泵的 300 余口井，泵效平均值为 62%，并持续保持较高的水平；系统效率值达到了 37.12%，节电率为 18.5%。等壁厚螺杆泵的平均检泵周期为 692 天，远远超过了普通螺杆泵的 550 天。

十四、潜油往复泵

抽油机有杆泵采油是目前各大油田的主要举升方式，虽然具有结构简单、结实耐用、配套较为成熟等优点，但存在管杆偏磨无法消除、系统提效空间小、检泵周期短、安全智能控制不足、容易造成环境污染等问题，无法满足油田开采新的需求。无杆举升技术取消了抽油杆，可以从根本上消除杆管偏磨，简化地面传动环节，从源头上提高系统效率，是现阶段降本提效的一个较好的技术方案。

（一）技术原理

潜油往复泵采油系统主要由地面控制装置、往复泵、电缆、直线电动机等组成，该技术将数控往复泵潜入油井套管内的油层底部，以直线电动机作为动力源，通过电动机带动柱塞泵做往复运动，将油液举升。由于传动链短，节能效果较好，系统效率大大提高；由于去掉了抽油驱动杆，因而避免了杆脱扣、断裂以及下井深度受限等问题；相对于斜井来说，无须使用抽油杆使得管杆偏磨问题得到了解决，提高了采油时间与油液采收率。

潜油往复泵的结构如图 4−11 所示。

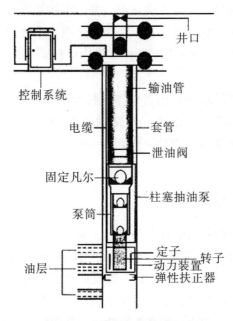

图 4−11　潜油往复泵结构图

新疆油田还采用了"电潜油往复泵＋玻璃钢敷缆复合连续油管"举升技术，玻璃钢敷缆复合连续油管实现了管缆一体，解决了常规潜油往复泵容易损坏电缆的问题，同时可实现动力、信号传输和加热功能的集成。

（二）技术特点

（1）无杆柱，彻底消除了杆、管偏磨。

（2）直线电动机直接驱动柱塞泵的柱塞运动而不需要任何中间传动环节，能够有效提升系统运行效率，节能效果显著，与有杆泵相比可节能 30％以上。

（3）系统组成简单，地面只有采油树，不产生噪声，没有运动部件，不存在设备安全和环保风险，且井口占地面积小。

（4）应用数控方式调整系统的运行参数，提高了油井数字化和智能化管理水平，降低了后期运行维护成本和劳动强度。

（三）适用范围

潜油往复泵适用于日产液量为 2～10 m^3 的低渗透率井，泵挂深度在 2000 m 以内、套管尺寸为 5.5 in 及以上的定向井、大斜度井以及其他杆管偏磨严重的油井，油层温度一般≤85℃；介质黏度一般<1000 mPa·s（50℃）。适合在人口稠密地区、环境敏感地区等环境复杂的地区使用。

潜油往复泵对出砂、油稠等井况适应性有限，对结蜡井应配套采取避免对电缆及机组造成伤害的清防蜡措施。由于动子是高发热部件，在低产井、低液面井应注意井下电动机的散热问题。

（四）应用案例

新疆油田：2017 年推广应用 61 口井，目前 60 口井在正常运行，平均日产液量为 5.8 t，平均日产油量为 3.1 t，平均泵效为 60%。目前试验时间最长的井已连续生产 604 天。单井投资为 100 万元，经现场测试，同地面驱动螺杆泵对比，节能约 30%，同时还可以节约地面建设投资和征地费用等，减少用工成本，投资回收期约为 5 年。

长庆油田：从 2017 年开始进行潜油往复泵采油技术的研究与应用，现场累计应用达到 47 口井，平均运行时间达到 400 天以上。2018 年，现场应用 6 口井，较抽油机有杆泵采油，抽油泵效由 27.9% 提高到 66.5%，吨液百米耗电由 2.0 kW·h/(t·100m) 下降到 1.6 kW·h/(t·100m)，节电率达到 20.0%。单井实现利润 5.26 万元，综合节约钢材、节约用电等效果，大大降低了地面安全事故的发生概率，明显减小了设备噪声污染，降低了井口原油渗漏风险。单套投资为 40 万元，综合节能效果为 25%，经济效益和投资回收期为 5.4 年。

吉林油田：应用潜油往复泵 50 口井（含 19 口高频作业井），免修期由 152 天提高到 600 天以上，目前井下无故障运行最长超过 850 天。潜油往复泵单台总投资为 35 万元，包括机组、电缆、配套井口及电缆卡子、作业费。单井日节电为 36 kW·h，年节电为 12960×10^4 kW·h，电价以 0.62 元/千万时计，年节能效益为 0.8 万元。用于偏磨井，年减少修井 1.7 次，节约费用 8 万元（含作业费、杆管材料更换费、作业影响产量等）。以上合计效益为 8.8 万元。静态投资回收期为 3.98 年。

十五、潜油螺杆泵

潜油螺杆泵与潜油往复泵一样，是针对抽油机有杆泵采油存在管杆偏磨无法消除、系统提效空间小、检泵周期短、安全智能控制不足、容易造成环境污染等问题而开发的新型采油技术，可以从根本上消除杆管偏磨，简化地面传动环节，从源头上提高系统效率。

新疆油田针对常规的潜油螺杆泵举升工艺中电缆绑在油管外侧，作业复杂，电缆易损伤，维修成本高的问题，试验了玻璃钢敷缆复合连续油管的管缆一体化结构，形成了"潜油螺杆泵＋玻璃钢敷缆复合连续油管"举升技术。随着技术进步，针对非金属管材耐压、耐温性能差，局部损坏整根更换，价格较高，金属与非金属连接处易脱，断脱后打捞困难等问题，又进行了投捞电缆式潜油螺杆泵工艺试验。

（一）技术原理

"潜油螺杆泵＋玻璃钢敷缆复合连续油管"是井下机组与地面设备通过玻璃钢敷缆复合连续油管相连接，电缆一端与潜油电动机相连，另一端与控制柜相连。地面变频控制柜通电后，动力通过电缆传送到潜油电动机，潜油电动机通过减速器、保护器、联轴器（扰性轴）驱动螺杆泵的转子转动，从而将井筒流体举升至地面。

投捞电缆式潜油螺杆泵工艺和"潜油螺杆泵＋玻璃钢敷缆复合连续油管"举升工艺相比，主体举升原理不变，改变的是电缆下入的方式。将潜油电动机及其他组件通过油管下入预定位置，在潜油电动机的上部设置对接插头，再用特殊的承荷潜油电缆连接对接头，从油管内下入，在井内实现插接和密封。该技术的核心部位是电缆插头组件，必须确保其具有良好的密封性和稳定性，以实现电缆的井下对接。

（二）技术特点

（1）彻底消除杆、管偏磨。

（2）效率高，节能效果显著，与有杆泵相比节能可达 $30\%\sim60\%$。

（3）地面只有采油树，不存在设备的安全和环保风险；采用"潜油螺杆泵＋玻璃钢敷缆复合连续油管"举升技术的主要优势是实现了管缆一体，同时可实现动力、信号传输和加热功能的集成。

（4）投捞电缆式潜油螺杆泵工艺主要优点是电缆在油管中下入和抽取，避免了电缆易损和敷缆管存在的问题。但局部出现损坏需整根更换，整体投资费用及后期维护费用（零部件、人员服务）相对较高。

（5）采油投捞承载荷式电缆，在油管中下入和抽取，可重复投捞使用，降低了后期检泵作业电缆的成本；承荷潜油电缆兼具动力传输、井下压力信号输送、加热清蜡的功能，避免了电缆易损和敷缆管存在的问题。但后期检泵费用相对较高，对井筒状况和修井质量要求较高，技术的成熟性有待进一步验证。

（三）适用范围

适用于油稠、含砂、含蜡和含气井；适应大斜度井。

适用：套管为 5.5 in、7 in，油层温度≤120℃，排量范围为 1～60 m³/d，扬程≤2500 m；可用于直井、定向井、水平井。

适合在人口稠密、环境敏感等环境复杂的地区使用。

（四）应用案例

新疆油田：2016 年，应用"潜油螺杆泵＋玻璃钢敷缆复合连续油管"举升技术试验 1 口井；2017 年，推广应用 9 口井，目前 7 口正常运行。7 口正常运行井平均日产液量为 5.4 t，平均日产油量为 2.9 t，平均泵效为 73.5％。试验最早的 JD 9131 井已连续生产 921.4 天。

投捞电缆式潜油螺杆泵举升技术于 2015 年年底开始研发，2017 年开始现场试验，试验 14 口井，截至 2019 年 11 口井正常运行，平均日产液量为 4.1 t，平均日产油量为 3.2 t，平均泵效为 54％。试验最早的 J9146 井已连续生产 655.2 天。

潜油螺杆泵单井投资为 70 万元，经现场测试，同游梁式抽油机相比，节能约 33％，同时还可以节约地面建设投资和征地费用等，减少用工成本，投资回收期约为 4.59 年。

十六、隔热保温防磨油管

高含蜡稀油因凝固点高、易粘壁易造成管线冻堵。在采出过程中，由于普通油管保温性能差，井口采出液温度已接近原油凝点，为保证油品正常输送，井口和计量站均增设管道电加热器，全年运行成本高，且油井热洗工作量大。为此，华北油田及新疆油田研究形成了可降低井筒热能损失的隔热保温防磨油管技术。

（一）技术原理

隔热保温防磨油管主要利用高性能纳米绝热保温材料的极高热阻特性，在传统钢制采油管外层表面包裹该保温材料，使采油管外部形成一种有效的隔热屏障，将原油的热量"锁"在采油管内部，阻止热量外泄，使原油在采油井出口处仍然保持较高的温度，从而降低原油加热集输过程中所需的能耗，有效控制了结蜡所导致的作业成本和集输成本。相比传统真空隔热油管，呈现较为突出的热稳定性能，不存在导热桥，保温效果更好，同时成本更低。

隔热保温防磨油管是在普通油管外（内）壁均匀包裹（衬）一层具有隔热保温功能、导热系数低、防水性能好的隔热材料，形成隔热保温层，并在油管内衬一层高密度聚乙烯防磨材料的油管，这种油管可减少井筒热能损失，并达到防偏磨效果。

（二）技术特点

（1）利用油管的保温功能，减少了井筒举升过程中的热能损失，提高了井口稠油温度；井口温度的提高，可以减少地面集输过程中的燃料油消耗。

（2）井筒热能损失的减少，使得油井的结蜡点上移至井口以上，实现了单井不热洗、不化防的日常维护生产。油管外层表面包裹高性能纳米绝热保温材料，相比传统真空隔热油管，呈现较为突出的热稳定性能，不存在导热桥，保温效果更好，同时成本更低。华北油田还在油管内衬一层高密度聚乙烯防磨材料的油管，这种油管可减少井筒热能损失，并达到防偏磨的效果。

（三）适用范围

隔热保温防磨油管虽然在降低井筒热能损失方面表现良好，但是其加工费用较高，价钱是普通油管的5~6倍。为了实现效益最大化，优先选择油品较差、举升负荷大的疑难井、常年加热集输的高含蜡稀油井进行应用，且配合地面工艺改造，将高耗能的三管伴热改为低耗能的单管常温输送。

（四）应用案例

华北油田：自2014年开始至2019年，通过现场试验应用，针对出现的问题不断进行改进和完善，目前已形成外裹隔热（Ⅲ代产品）和内衬隔热（Ⅱ代产品）两个技术系列，现场应用后取得了较为理想的效果。现已应用34口井，应用后井口温度平均提高14.5℃，悬点载荷平均下降6.8%，日耗电平均下降8.8%，应用井实现了不洗井、不加药的日常维护方式，地面实现了常温集输进站。

应用油井34口，共投资968.1万元，减少药剂添加量30 t，减少燃料油消耗量1867.5 t，减少举升耗电量24×10^4 kW·h，减少热洗220井次，避免热洗减产1934 t。年均效益为207.65万元，投资回收期为4.7年。

新疆油田：2019年，新疆油田公司采油二厂进行3口单井的先导性试验，总投资191.52万元，改造完成后井口采出液温度由19℃提高至36℃，替代原有井口管道电加热器，改造完成后井口采出液可直接输至计量站，年节约电量 $26.28×10^4$ kW・h，节约清蜡费用 9 万元、其他设备及材料费用 32.4 万元，按照电单价 0.679 元/千瓦时计，年综合节能效益为 60.78 万元，投资回收期为 4.2 年。

第二节　集输系统

在油气田集输系统对标实践中应用的节能技术，主要有工艺优化和改进、应用高效节能设备、放空气回收、余能利用、新能源利用等。在实践中应用的工艺优化和改进技术主要有不加热集输优化、单管深埋冷输、油气混输、优化简化、预脱水处理等；应用的高效节能设备有高效三相分离器、撬装化脱水设备、高效电动机以及泵、压缩机类设备的适应性改造；放空气回收技术包括井口定压放气阀、放空气 CNG 回收、放空气 LNG 回收等；余能利用包括天然气余压利用、水压余压利用、余热换热利用、热泵余热回收等；新能源利用包括太阳能辅助加热、太阳能发电、风光电互补辅助生产、空气源热泵等。经筛选、总结、评价和再总结，形成成熟、先进，具有较高的推广应用价值的最佳节能实践 16 项。

一、不加热集输优化技术

集油工艺常规的双管掺水以及早期应用的三管伴热工艺的循环用热水量大，集输热力系统能耗高，运行成本大，造成了大量能源的浪费。随着油田开发进入中后期，含水率上升，为不加热集输提供了条件，成为油田节能降耗的重要措施。

（一）技术原理

结合生产情况，将油井集油管线进行简短串接，以简化优化集油工艺；采用复合管材，部分油井配套隔热油管、井口加药装置或清管等集油工艺保障措施，停用伴热系统，实施单管常温集油工艺，降低集输能耗。

井口回压是决定油井能否不加热集输的最关键条件之一，由于井口回压的大小与黏度有关，而黏度与温度、含水和含气有关，因此，研究清楚黏度与温度、含水和含气的关系是实现油井不加热集输的最基础要求。

长庆油田还通过研究油气集输过程中含气原油的低温流动特性，证实了脱气原油室内试验得到的原油凝点与生产过程中含气原油的凝点是完全不同的两个概念。例如马岭油田室内试验原油凝点为 18℃～25℃，在集输终点油温为 3℃～4℃，仍保持良好的流动性，这样就打破了在设计油气管道时输油终点油温高于室内测试凝点 3℃～5℃的常规，为不加热集输找到了理论和实践依据。同时通过研究知道了出油管道堵塞的主要原因是在油温不断下降的过程中，石蜡从原油中析出附着在管壁上造成的，因此不加热油气集输必须采取配套投球清蜡等技术，实现原油及其伴生气在同一管道中不加热混输，流动温度常年在原油的凝点以下。

（二）技术特点

简化优化了集油系统，取消了计量站，减少了集油层级，减少了站外流程管理单元；同时利用常温集油工艺取代传统三管伴热工艺，降低了热力系统负荷，实现了节能降耗。单管不加热集油减少了地面工程建设投资，运行费用低。突破了原油进站温度必须高于凝点 3℃～5℃的传统概念，降低了进站温度，减少了燃料消耗。采用投球清蜡工艺，定期投球清蜡，确保了管道畅通，解决了不加热输送的关键问题。

不加热集输流程建设投资少，运行费用低，可谓站外最佳集油流程。与双管掺水工艺相比，可节约投资 30%，降低能耗 48%，控制油气集输自耗气在 10 m^3/t 以内，经济效益可观。

（三）适用范围

适合在原油黏度低、凝点低、流动性能好，或单井产量大、油井的含水率也较高的区块应用。井口回压一般控制在 1～1.5 MPa 以下，对低液、低含水、流动性差的油井以及丛式井组不适用。

（四）应用案例

华北油田：目前，单管常温集油工艺已在八里庄油田、河间油田、留北油田、留西油田、肃宁油田实施，其中单管常温集油油井 268 口、季节性常温集油油井 153 口。共停用加热炉 15 台，年节约燃气 320×10^4 m^3，创造效益 1046.4 万元。

集油管线停止伴热，减少热水漏失，年节约清水 72000 m^3，创造效益 52.3 万元。

部分油井应用加药装置以及电加热，年增加耗电量 16.5×10^4 kW·h，增加费用 11.1 万元；站内外生产药剂用量增加，预计增加费用 149.9 万元。合计年创造效益 937.7 万元。

吉林油田：已在 9 个采油厂推广应用不加热集输优化技术，截至 2018 年年底，实现应用不加热集输优化技术的油井 6033 口，占比总油井数为 36.7%。2013—2018 年累计节约燃油用量 8000 t，节约燃气用量 8114×10^4 m^3，节约用电 3600×10^4 kW·h，节约运行成本 1.82 亿元。

长庆油田：单管不加热投球流程较双管伴热流程节约投资 25%，节约钢材用量 44%，节约燃料油用量 64%，具有建设投资省、热耗低、管理方便、生产可靠等优点。单井单管不加热密闭集输工艺为长庆油田地面建设技术的发展和低渗透油田的有效开发奠定了基础。按这一流程，先后建成了马岭、红井子、城壕、华池、吴起等油田，同时也对原建伴热流程的几个油田进行了不加热输送流程改造。

二、油气混输技术

长庆油田伴生气资源丰富，在油田现场，油井井口伴生气通过定压阀或集气管线输送至增压站，由于增压站输油泵的携气能力较差，气体输送不及时，增压点缓冲罐分离出的气体的利用率只有 30%，现场应用的活塞式压缩机存在故障率高、压缩比小等问题。

塔里木牙哈凝析气田单井产量大，随着地层压力逐渐下降。但是，气田整体压降不均衡，部分采气单井井口压力低于地面集输系统压力 12.5 MPa，不能进入集输系统，若降低地面集输系统压力，将面临整套地面处理装置的改造或更换问题，因此有必要实施单井增压油气混输技术。

（一）技术原理

长庆油田采用了隔膜压缩机（图 4-12），其是一种特殊结构的往复容积式压缩机，传动部分工作原理是通过曲轴转动带动连杆摆动形成活塞的往复运动，使得密闭的油缸内油压升降，通过油压推动膜片形成周期性增压。隔膜压缩机通过活塞推动气缸油腔中的工作油液，工作油液通过配油盘后再均匀推动膜片在气缸盖与配油盘间曲面所形成的膜腔中做往复运动，改变气缸气腔的容积，在吸、排气阀配合工作的情况下，实现压缩输送气体的目的。隔膜压缩机缸体是由带穹顶状的油缸和气缸两部分组成的，油缸和气缸之间用金属隔膜隔开，使得气体增压过程不会被运动部件的润滑油污染，气体纯度可以得到保证。气缸面积较大，散热性能好，容易实现超高压。传动部分是压缩液压油，设备运行振动小、噪声小。易损件很少，主要是膜片和气阀，后续维护运行成本低。

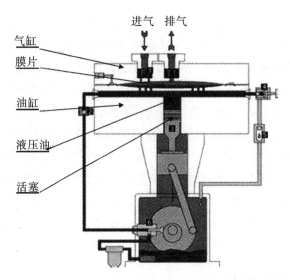

进气 排气

气缸
膜片
油缸
液压油
活塞

图4-12 隔膜压缩机工作原理示意图

塔里木油田应用的液压驱动活塞式压缩机（图4-13），首先对井产物进行过滤除砂处理，经前置缓冲罐，再通过油气混输增压装置对油气混合物进行增压至进集输管网所需最低压力（12.5 MPa）后，经后置缓冲罐连接主管线进入集输管网。该技术不需要对气井产物进行油气分离。压缩机活塞由液压油驱动，冲程缓慢，有效避免了常规天然气压缩机增压过程中气相带液会发生的液击现象，同样由于冲程缓慢，排量也相对较小，因此采用液压双向推动柱塞的方式，将压缩效率提高了2倍，再配合缸体体积增加，能够有效解决排量小的问题。

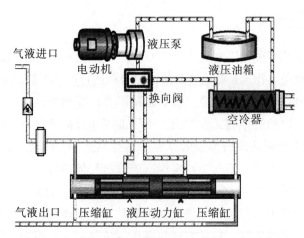

气液进口
电动机
液压泵
换向阀
液压油箱
空冷器
气液出口
压缩缸
液压动力缸
压缩缸

图4-13 液压驱动活塞式压缩机工作原理示意图

（二）技术特点

（1）安全性高。井口地面建设工艺流程简单，增压设备安全、结构简洁，设备故障监测系统完善，控制系统智能化程度高，操作方便，基本实现了全智能无人值守。

（2）适应性强。采用集成模块化设计方式，装置撬装化，移动方便，维修简单，适用于单井。

（3）高效节能。液压增压设备可随时起动，无须卸载，液压系统采用了恒功率变量泵的设计，提高了功效。

（4）不需要对气井井流物进行油气分离，实现了油气的同步增压和连续排出，真正实现了油气混压混输，投入及运行成本低。

（三）适用范围

隔膜压缩机的膜片相对更容易发生破裂，因此对膜片的材质、热处理、表面处理工艺有较高的要求，而且隔膜压缩机的膜腔曲线也对膜片的寿命影响较大。隔膜压缩机适用于油井含伴生气的工况、排气压力较高的情况；对于腐蚀性极强、有毒、易燃易爆、有放射性的气体，也适宜采用隔膜压缩机。

塔里木油田应用的单井增压混输技术对设备气密性、抗腐蚀性要求较高；增压出口压力范围一般为 4～13 MPa，增压设备功率小，单台处理量为 5×10^4 m³/d 左右（出口压力为 12 MPa 时）。

（四）应用案例

长庆油田：2017—2018 年，第三采油厂试验了 3 台隔膜压缩密闭增压装置回收站场伴生气进行油气混输。工程设备总投资为 70 万元，日回收伴生气 4500 m³，累计回收气量 35×10^4 m³。

塔里木油田：2014 年，牙哈采气作业区 YH23－1－14 井改层作业后投产，井口压力大大降低，无法正常进站生产，经研究分析，决定对该井采用油气增压集输的方式进行生产。初期由于井底杂质较多，采用了分离撬＋压缩机进行分压混输的方式进行生产，后期井底杂质排尽又增加了第二代单井增压混输技术，现场采用 2 台液力驱动式油气增压混输装置，投运后平稳运行。

YH23－1－14 井油气增压混输生产共计 78 天，累计输油量为 1643 t，累计输气量为 438.7578×10⁴ m³；增压设备费用为 7000 元/天，累计成本为 54.6 万元；原油与天然气增加产值 931.6578 万元，直接经济效益为 877.0578 万元。

三、老油田地面集输工艺优化简化技术

老油田由于建设期早，随着开发年限的增长及产量递减，原有工艺与实际生产状况的不适应性越来越大，采油地面工艺系统规模庞大、负荷不均衡等问题日渐凸现，常表现为以下问题：一是地面设施老化，集油和注水系统采用三级布站工艺，双管集输流程，工艺复杂，技术落后，也不能适应数字化油田发展的需要。二是部分生产井生产效益已经为负值但仍在生产，地面系统运行效率低、站场负荷率低，维护费用高，能耗高。三是生产规模扩大，人力成本高，核定用工人数不能满足生产需要。

（一）技术原理

优化简化即依靠对制约系统简化关键瓶颈技术的突破，通过"关、停、并、转、减"等工作，达到优化工艺、节能降耗、高效管理的目的。主要措施有关闭负效生产井，治理后视情况再进系统或提捞采油；取消计量站，将三级布站模式改造为两级布站模式，抽油机井依靠功图法计量技术，电泵井依靠压差法计量技术，螺杆泵井依靠容积法计量技术，以替代传统的计量间分离器量油技术，并实现单井的数字化管理；采用恒流配水设备实现恒流注水，取消配水间；在解决油井井口计量的前提下，利用油井自身温度，通过高产井带低产井，采取特殊管材、加药降黏、电加热等措施，采用单管串接、Ｔ接和树状、环状掺水等工艺流程，简化地面工艺，缩短集油管线长度，以实现油井单管常温集输，停运掺水炉甚至掺水泵；停运负荷率较低的转油站以及联合站，合并处理采出液。

（二）技术特点

可优化工艺、减少布站，实现节能降耗，节省运行成本及人员成本，节省地面建设投资，提高油田经济效益。

（三）适用范围

适用于老油田开发后期，需要与开发规划和产量预测相结合。

（四）应用案例

大港油田：板北地区有油井 39 口，计量站 9 座，接转站 2 座。当前大港板北地区综合含水高达 90％以上，采用单管加热气液分输的集油方式，共有

各类加热炉 70 台，由于该区块工艺流程长、站场多，因此运行能耗高、用工量大，且管道、设备平均使用年限超过 15 年；其地处天津滨海新区，为环境敏感地带，安全生产压力大。因此为解决安全隐患，降低运行能耗，控制生产成本，该地区进行了系统布局优化：将集油工艺的单管加热集输、气液分输改为单管不加热集油、油气混输流程；取消计量间，采用软件量油；将集油管道改为保温管。经过热力水力模拟计算，取消井场加热炉 34 台，干线炉 25 台。板一联站内油气分离器改为三相分离器，减少二段热化学脱水加热量，核减 4 MW 加热炉 1 台，站内及站外集油系统共核减加热炉 64 台，核减装机功率 10.2 MW，减少加热炉功率 89%，节气 625×10^4 m³/a。

四、采出液预脱水处理工艺

油田开发进入高含水开发期，原油含水率逐年上升，联合站进站液量大，增加了设备处理负荷，且化学药剂消耗量大，常规的采出液热化学沉降脱水由于需要对含水油加热，运行能耗高，需要进行工艺的优化。

（一）技术原理

通过三相分离器预分离大部分游离水，只对分离出的低含水原油加热，能够大幅降低生产用热。油气水混合物高速进入三相分离器，靠重力作用脱出大量的原油伴生气，预脱气后的油水混合物经挡板撞击高速进入沉降分离区脱水。分离后的低含水原油经加热后再采用电化学脱水或大罐沉降脱水技术，既提高了处理效果，又降低了生产能耗。

（二）技术特点

可以提高原油脱水处理能力和脱水效果，确保油气水分离更彻底。工艺改造简单、成熟，投资少、见效快，可显著减少燃料消耗和破乳剂药剂的消耗量。

（三）适用范围

适合需要加热脱水的高含水、高黏原油和常规原油。

（四）应用案例

大港油田：采油六厂孔店联合站原处理工艺为原油先加热再进入三相分离器进行气液分离，加热炉温度低及设备老化，导致分离不彻底；沉降罐内泡沫及气泡较多，影响正常生产。2015年，新建高效三相分离器并应用预脱水处理工艺，降低了外输油含水率，同时降低了系统运行能耗。项目投资925.5万元，日减少加热液量7300 m^3，节约加热炉燃油消耗量5 t，年创经济效益495万元，投资回收期为1.86年，万元投资节能量为2.5 tce。

辽河油田：高一联改造前的脱水工艺为一段热化学沉降＋二段热化学沉降；改造后的脱水工艺为一段预脱水＋二段热化学沉降＋三段热化学沉降。改造后可节约燃料气用量103.88×10^4 m^3/a，节约燃料费用137.85万元/年；每年耗电量增加44.8×10^4 kW·h，增加电费成本30.55万元；节约破乳剂药剂费用51.5万元，每年可节约药剂费用51.5万元。

五、储油罐纳米隔热保温涂料技术

新疆自然气候四季分明，日照时间长，高温天气持续时间长，尤其是南疆地区气候干燥，昼夜温差更大，各类原油储罐、轻质油储罐等油气蒸发损耗较大，储罐附近油气浓度大，存在很大的安全隐患，且会对储罐周围的环境造成污染。

常规储油罐保温方式主要是罐体外包岩棉或内覆复合硅酸盐保温板，罐顶大部分未进行保温处理。随着部分站场生产工况的变化，部分站库储油罐交油时间大幅延长，一方面，由于罐顶未进行保温处理，储油罐散热损失大，导致前端加热温度提升，天然气消耗量增加；另一方面，由于罐顶没有保温，铁皮随环境温差大，易产生冷凝水，导致罐顶腐蚀严重。

（一）技术原理

纳米隔热保温涂料能在涂刷物体表面形成由空心玻璃微珠和空心玻璃微珠连接在一起的三维网络空心结构，这样的纳米空心玻璃微珠之间形成一个个叠加的静态空气组，也就是一个个隔热保温单元，这些静态单元在受热后几乎不产生热对流，传导热量也就极少。

采用节能隔热涂料以后，油品储罐罐体表面温度会得到大幅降低，使得罐体内的汽油气化量减少，从而降低罐体内部的压力，减少呼吸阀的油气蒸发量，从而降低油库上空混合气体的密度，提高油库的安全系数。同时可以减少因喷淋水造成的罐体磨损腐蚀，从而延长储罐的使用寿命。

（二）技术特点

（1）与传统的保温材料比，施工的费用下降，施工维护简单，效果好，成本费用低。

（2）保温和隔热性能优良。1~1.5 mm 厚度涂层具有与 40~60 mm 厚度的保温纤维或 350~380 mm 厚度的砖石相似的保温效果，对金属结构能防止温度变化。

（3）耐热性能好、使用寿命长。正常条件下（−60℃ 以上至 250℃ 以下温度范围内）纳米保温涂料的寿命是 10 年，不受紫外线的影响。

（4）具有防水、防腐、防火的功能。涂层耐酸碱腐蚀性能好，对金属、塑料可防水、防止发霉，涂层不受湿度、露水以及温度的影响，可很好地保护表面。

（5）防辐射。涂料辐射率系数为 0.88，太阳光光谱反射比为 0.97。0.256 mm 厚度的涂层系统热辐射反射率相当于 2 寸厚度的 R−20 聚苯乙烯泡沫塑料的热辐射反射率。

（6）耐燃性。其闪点不燃，可以在工厂不停工的情况下直接喷涂于温度处于 1.1℃ 至 204.4℃ 之间的各种热表面。

（三）适用范围

纳米隔热保温涂料技术的局限性主要在于对施工过程的高要求，涂料的涂抹施工过程需要储罐停运，一般需涂 3 层，每层均匀涂抹后需等待涂料完全干透和自然固化后再进行下一层的施工，不然后期会出现龟裂。对环境的要求：空气相对湿度小于 60%，气温在 10℃ 以上，通风干燥。如果施工环境湿度大、环境温度低，可以用热源加热固化，加热后涂料表层温度不得超过 70℃，避免涂层产生汽化鼓泡现象。相对封闭的空间要加大通风，加快空气流通。

该技术适用于需维温以及挥发性较强的原油、采出液等储罐、轻质油储罐；也适用于太阳辐射较强区域内需要减少热辐射影响的生产生活设施，例如员工办公或生活居住的野营房、彩钢板房等。

（四）应用案例

新疆油田：2015 年，在准东采油厂彩南联合站 1♯、3♯ 储罐罐顶进行纳米隔热保温涂料涂抹施工。工程设备总投资 580 万元，根据现场提供的数据，目前使用该技术的一台 2300 kW 的燃气锅炉将原油温度从 35℃ 加热到 70℃，耗气量约为 245 m³/h，原油流量为 40 m³/h。1 天的温降差为 1.2℃，原油存放的时间一般为 6~8 天，原油温度可少提高 7.2℃~9.6℃。每小时的耗气量较之前可以减少 50.4~67.2 m³，一天节约的天然气量为 1209.6~1612.8 m³。

一年的加热天数约为 150 天，则一年节约的天然气量为 181440～241920 m^3。天然气价格按 1.1 元/平方米计算，年可节约费用 20 万～27 万元。

以 5000 m^3 拱顶罐为例，单罐投资约 33 万元，投资回收期约为 2.6 年。

塔里木油田：2007 年，在勘探工程部野营房改造项目中，对营房原有普通涂层涂上一层厚度为 0.6 mm 的恩威尔特CC-100 复合型绝热涂层及硬质面漆，共计改造了 12 套营房，喷涂面积约为 29134 m^2，总投资 600 万元。经对比测试，喷涂该节能涂料的营房制冷和保持冷量的效果优于未喷涂该节能涂料的营房，用电消耗量仅为老营房的 53.4%，节能效果明显。

2010—2012 年，在塔西南地区实施降低储罐油气损耗节能改造工程，对原油储罐、高架罐、汽油储罐等共计 41 座油品储罐约 22214 m^2 表面喷涂节能涂料，总投资 670 万元。对储罐改造效果进行对比测试，1000 m^3 的汽油储罐，喷 CC-100 复合型绝热涂层及硬质面漆后，呼吸损耗降低了 65%，日减少汽油呼吸损耗 0.027 t。

吐哈油田：完成 147 个原油和成品油储罐的喷涂改造，涂刷上该涂层后，罐内呼吸气体温度可降低 27.4%，罐体外表面平均温度可降低 21.1%，罐顶外表面平均温度可降低 37.1%，5000 m^3 储罐每天减少原油呼吸损耗 0.5 m^3，累计投资 2685 万元，改造面积为 12.52×10^4 m^2，全年减少油气损耗量 3203 t，年经济效益为 1280 万元，投资回收期为 2.1 年，万元投资节能量为 1.7 tce。

六、冷却水塔余压利用

天然气净化厂循环水冷却塔电动风机耗电高，且需要对电动机、减速箱、线路、电控装置做日常维护保养，费用高；电动机减速机漏油、漏电、损坏等故障率较高，且杂音大、振动强，对环境影响大。

（一）技术原理

通过在冷却塔循环水系统中安装水轮机来代替电动机驱动冷却风机，利用循环水系统的富裕能量带动水轮机做功，可在确保冷却塔正常运作的同时，由水轮机替换原有风叶电动机、减速器、传动轴等部件，把系统中浪费的多余动能转化为机械能，带动风叶转动，以实现节能的目的。

（二）技术特点

（1）不改变冷却塔尺寸及冷效，就可实现节电效果。

（2）相对电动风机，取消了电动机、联轴节及减速机，结构更简单，故障率降低，此外还可大大降低冷却塔的振动和噪声，减少对环境的污染。

（3）运行经济，维修费用降低。水轮机结构简单，维护更换方便，长期运转不易损坏，同时避免了传统冷却塔每年对电动机、减速器等的维护、更换费用。

（4）冷却塔上无电气设备，杜绝了漏电、漏油的危险；通用性好。

（三）适用范围

改造后水轮机实际输出轴功率大于改造前风机轴功率。使用传统冷却塔的场合，一般都具备改造成水动风机冷却塔的条件。

（四）应用案例

西南油气田：2014—2015 年，将忠县天然气净化厂循环水冷却塔 2 套电动风机机组实施水动风机改造。改造后，完全可满足循环水冷却需要，年节约电能 6.78×10^4 kW·h，节约电费 5.5 万元。新机组振动更小、噪音更低、运行更平稳。

七、余热换热回收利用技术

新疆油田有丰富的余热资源，除了各类燃气设备（注汽锅炉、加热炉及燃气压缩机）所排放的大量高温烟气，采出液（尤其是稠油开采）集输过程中携带的大量热量未被利用。另外，生产现场许多站库、值班室等于冬季采用节流后的蒸汽进行采暖，造成高品质热量的巨大浪费；处理站等使用的工艺流程有较大的用热需求。

（一）技术原理

1. 稠油计量站采出液采暖技术

利用采出液余热采暖，稠油采出液温度一般在 60℃～110℃ 之间，满足计量站采暖要求，适用于两级布站模式的计量站。单井采出液进计量间后可混合进集油罐。

图 4-14 为采出液直接供暖流程示意图。

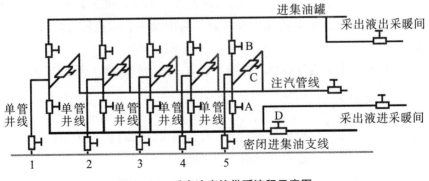

图 4-14　采出液直接供暖流程示意图

2. 高温采出液换热采暖

采用流道式换热器将 80℃ 以上的高温采出液与软化清水进行换热，以软化清水作为换热介质被加热到 70℃ 后用泵加压循环至各站采暖的方式取代蒸汽取暖。

3. 加热炉烟气余热加热原油

采用"一拖三"余热回收模式，加热炉排烟汇集后进入气—油换热器，换热器按照烟气冷凝余热回收设计，烟气与被加热原油进行换热，使油温从 25℃ 提升至 45℃，换热后原油进入净化油罐，烟气从换热器后端新建烟囱排出。加热炉烟道尾部各加装气动三通阀 1 套，便于流程切换及烟气外排。系统设置冷凝水回收处理装置，将冷凝水处理后回收或外排，配套冷凝水外排系统。

4. 燃气压缩机烟气余热综合利用

根据天然气处理站压缩机组布局，为简化控制系统工艺流程，压缩机组采用"一拖多"方式回收余热。并根据不同工艺需求的热品质不同，梯级利用余热。以某天然气处理站为例，余热回收系统所回收余热优先用于导热油加热。由于导热油温度从 170℃ 升至 220℃，温度较高，综合考虑系统可行性及经济性，选用适用于烟气与导热油换热特性的换热装置，实现两种介质的直接传热。当燃气压缩机余热用于导热油加热后还有部分剩余负荷，可考虑用于再生气预热和冬季采暖循环水预热。由于前端加热导热油后排烟温度在 180℃ 左右，系统考虑在冬季将剩余余热用于采暖循环水预热，冬季以外将剩余余热用于伴生气预热。最终烟气外排温度降至 80℃ 以下。

图4-15为余热加热系统工艺流程图。

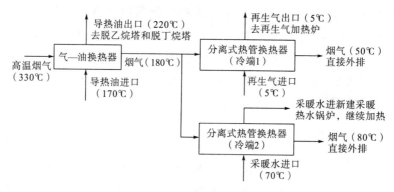

图4-15　余热加热系统工艺流程图

（二）技术特点

采出液余热用于站库采暖实现余热就地利用，不仅大大节省了高品质蒸汽，而且对高温采出液降温、密闭集输起到一定作用。

加热炉及燃气压缩机烟气余热根据现场工艺用热特点，可替代一部分用热需求，降低加热炉负荷；梯级利用余热使余热得到最大程度的使用。烟气降温外排对减少大气热污染也有一定作用。

（三）适用范围

采出液余热换热采暖适用于采出液温度高于85℃的计量站，尤其是中心计量站优先选用该技术；采出液直接采暖适用于采出液温度在70℃～85℃之间的两级半布流程的计量站，以无人值守计量站优先使用。

加热炉及燃气压缩机烟气余热利用优先考虑就近且用热需求大的用热工艺，冬季考虑站区采暖工艺。

（四）应用案例

新疆油田：2012年起，在重油、风城等稠油单位开展采出液采暖改造527台，其中单台年节约蒸汽1200 t，节能效益为9万元；加热炉烟气余热利用改造11台，平均单台年节约天然气15×10^4 m³，节能效益为17万元；燃气压缩机烟气余热利用改造16台，平均单台年节约天然气28×10^4 m³，节能效益为32万元。

八、热泵余热回收利用技术

在油田联合站，采出液经过分离后，原油外输，污水用于回注或掺输，经分离处理的污水温度一般在 35℃ 以上，尤其是稠油油田，稠油生产处理后的含油污水温度为 50℃～80℃，其中有大量中低品位余热。在不改变联合站现有生产工艺的前提下，以现有的天然气或电力驱动，通过热泵提取现有污水中的低品位热能使其成为可利用的高品位热能，取代各联合站内使用的加热炉系统，可以降低加热能量消耗，提高热能利用率，实现余热利用、节能减排和降低运行费用的目的。

（一）技术原理

联合站污水中含有大量的低温余热可以利用。热泵余热回收利用技术是一种利用高品位能量（电能、热能）驱动，实现将热量从低温热源向高温热源转移的技术，按照工作原理的不同可分为吸收式热泵和压缩式热泵。

吸收式热泵利用少量的燃气或蒸汽等高温热源，产生大量的中温有用热能，即利用高温热能驱动，把低温热源的热能提高到中温，从而提高热能的利用效率。吸收式热泵分两个循环，即热力循环与溶液循环，图 4—16 为其工作原理示意图。

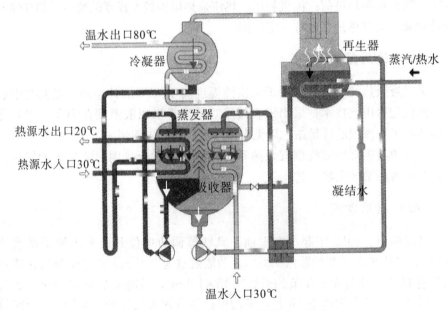

图 4—16　吸收式热泵工作原理示意图

压缩式热泵机组要利用电能作为驱动，运行成本较高，图 4—17 为其工作原理示意图。

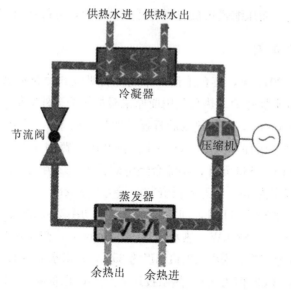

图4-17　压缩式热泵工作原理示意图

（二）技术特点

吸收式热泵的主要技术特点是：①利用热能为驱动力提取低温热源，如以蒸汽、热水和燃料燃烧产生的烟气为驱动热源，几乎不消耗电力（10 MW机组耗电约10 kW），虽然能效比（COP值）低于压缩式热泵，但是燃料价格较低，且可以利用余热、废热，综合节能效果好；②制热负荷调节范围广，通过调节溶液循环量可在20％～100％的负荷范围内进行调节；③单机制热量大，目前最大单机容量可达50 MW。

压缩式热泵的主要技术特点是运行可靠、维护费用低、自动化控制程度高。

（三）适用范围

热泵余热回收利用技术适用于余热无法有效利用，热源稳定，站内有用热需求的站场。吸收式热泵用热要求一般为40℃～95℃，余热热源温度为15℃以上，制热能效比（COP值）一般可达到1.4左右，可用于替代加热炉或采暖锅炉，一般用于同时有伴生气、采出水可利用的站场。压缩式热泵适用于用热需求在80℃以下，余热热源温度为10℃以上，能效比为3.5～4.5的情况；由于运行费用高，适用于替代燃油加热炉，一般用于有采出水、无伴生气可利用的站场。

吸收式热泵运行噪音较大，对所用材料有较高的抗腐蚀性要求，制造工艺气密性要求较高。而压缩式热泵需要消耗大量电力，运行费用较高。

（四）应用案例

吉林油田：2017 年，英台采油厂采用 2 台吸收式热泵撬系统替代英一联热水、外输、脱水加热炉。热泵利用前原采暖加热炉、外输加热炉、脱水加热炉日耗天然气 8300 m^3，应用热泵后日耗天然气 4300 m^3，日节气 4000 m^3；应用热泵后年耗电量增加 $28×10^4$ kW·h，新增运行费用 4 万元；按照气单价 1.66 元、电单价 0.5566 元计，年综合经济效益为 222 万元，设备投资回收期为 2.2 年，节能率为 48%，万元投资节能量为 3.3 tce。

华北油田：2018 年 11 月，河一联建设额定功率 300 kW 的水源压缩式热泵 1 台，制热量为 1183 kW，热水进口温度为 60℃，热水出口温度为 70℃，采出水进口温度为 45℃，采出水出口温度为 35℃，采出水量为 1200～1680 m^3/d，制冷剂为 R134a，COP 值为 3.9。热泵投运后，LNG 用量减少 2400～3000 m^3/d，年节省运行费用约 200 万元，热泵投资 230 万元，投资回收期为 1.1 年。

九、井口定压放气阀

长庆油田原油伴生气资源比较丰富，平均日产伴生气 $385×10^4$ m^3/d。其中，已回收利用 $280×10^4$ m^3/d，利用率为 73%；未回收伴生气 $105×10^4$ m^3/d，其中套管气为 $70×10^4$ m^3/d。由于长庆油田区域面广，油井分布较分散，对井口套管气的回收采用防冻堵定压放气阀，冬季不冻堵，压力设定方便，安装简单，可有效回收井口套管气。

（一）技术原理

原油伴生气在套管内形成套压，在井口通过管线作用于控制阀件，若该套压在承压活塞上产生的等效作用力大于承压活塞所受的预设力（可以是定压弹簧或等效元件提供的合力），则承压活塞将向后退行，与之联动的元件将打开气路，使伴生气通过阀件向下游流程流动，进入采油流程后与采出原油混输，随着排气的持续进行，套压不断降低；当套压在承压活塞上产生的等效作用力不足以克服承压活塞所受的预设力时，则承压活塞前行，与之联动的元件将断开气路，套压开始恢复。如此循环，使套压控制在预设压力附近的一个较小范围内。

1. 压差式防冻堵定压放气阀结构原理

采用两级减压，内藏包裹式调压阀，上接头为可调长度的伸缩接头，结构如图 4－18 所示。

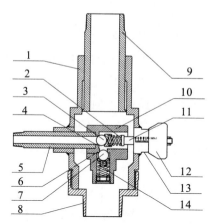

1—阀体；2—调压弹簧；3—调压阀球；4—调压阀座；5—进气接头；

6—二级阀座；7—二级阀球；8—下接头；9—上接头；10—阀芯；

11—调压杆；12—调压螺母；13—刻度套；14—二级弹簧

图 4－18　压差式防冻堵定压放气阀结构示意图

2. 直读式防冻堵定压放气阀结构原理

二级阀防止油管倒流，定压放气阀内置定压机构，用上端调压螺母控制定压机构的开启压力，结构如图 4－19 所示。

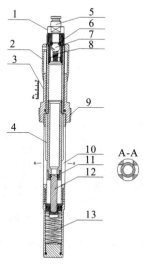

1—阀体；2—调压螺母；3—刻度套；4—阀芯；5—进气接头；6—阀座；7—阀球；

8—二级弹簧；9—接头；10—排气孔道；11—密封件；12—调压杆；13—调压弹簧

图 4－19　直读式防冻堵定压放气阀结构示意图

（二）技术特点

压差式防冻堵定压放气阀的主要技术特点是：①有调压螺母，可根据单井最佳采油工况设定开启压力；②利用原油自身热能对阀体进行长效保温，可防止冬季阀体因冻卡而失效；③两级减压止回阀，可分散结冻点，不易结冻；④止回阀可有效阻止油液倒流，保持阀体内部清洁，延长产品寿命；⑤关键结冻点设计有驱霜装置，使霜尽快被带走，不积霜、不结冻；⑥上接头为伸缩接头，在现场可以自由调节阀体尺寸，以便安装；⑦整体结构无拆卸点，可有效防止盗油现象。

直读式防冻堵定压放气阀的主要技术特点是：①有调压螺母，具有连续调压功能，实现合理套压生产，放气阀设定压力可以直接读取；②设有单流阀，具有防止原油倒流回套管的功能；③阀体插入原油流程，由原油温度对阀体进行保温，防止冬季冻堵；④进气口处为快速安装接头，安装维护方便。

（三）适用范围

防冻堵定压放气阀适用于套压高于回压的油井，回压较高的油井不适用定压阀。

（四）应用案例

长庆油田：目前，在用 4489 套防冻堵定压放气阀（图 4—20），年可回收套管气 6200×10^4 m³。单井投资约 0.18 万元/井，实现油井套管气有效回收，投资回收期为 1 年，减少了温室气体排放，回收了优质资源，经济效益和社会效益显著。

图 4—20　防冻堵定压放气阀现场应用图

十、井下节流技术

天然气组分、压力、气候环境等因素导致气井井筒及地面管线易形成水合物，天然气水合物的防治是气田开发中一项十分重要的工作。采用传统加热法和注抑制剂法，地面工艺流程复杂，能源消耗较大，日常运行费用较高，解堵效果不明显，大大影响了气井开井时率。因此，采用气井井下节流技术将地面节流过程转移至井筒之中，可利用地层热能对节流后的低温天然气进行加热，从而降低井筒、地面管线压力与水合物温度，防止形成水合物堵塞，同时也可提高采气集输系统的安全性，降低生产运行和集输管网建设成本。

（一）技术原理

井下节流技术将井下节流工具安装于油管的适当位置，在实现井筒节流降压的同时，充分利用地温加热节流后的天然气流，使气流温度高于该压力条件下的水合物形成温度，以降低地面管线压力、防止水合物生成、取消地面水套炉、简化井场地面流程，节能降耗作用明显。西南油气田井下节流技术应用前后井口流程对比如图4-21所示。

图4-21 西南油气田井下节流技术应用前（左）后（右）井口流程对比

现有的井下节流器主要分为固定式井下节流器和活动式井下节流器两种，二者的主要区别在于卡定方式不同。固定式井下节流器有座放短节，节流器通过绳索作业座放在座放短节内；活动式井下节流器无须座放短节，节流器直接卡定在油管上，座放位置可调。

（二）技术特点

（1）可大幅降低井筒及地面采气管线的运行压力，取消单井地面水套加热炉，简化井场地面流程，降低地面投资，提高井口装置的安全性。

（2）可充分利用地热资源，预防地面节流产生水合物，减少节流保温所需要的燃料消耗。

（3）不加热、不注醇，有利于节能减排。

（4）可减少井岗管理人员及劳动强度，提高气井自动化管理水平。

（三）适用范围

适用于具有一定自喷能力的直井、定向井及水平井。正常生产时，地面节流会发生水合物堵塞，井筒温度能满足井下节流后不生成水合物；在节流器到井口的完井管串内径应大于井下节流器外径 2~3 mm，且油管与套管环空之间无窜漏；节流最大节流压差小于或等于 70 MPa。

对于出砂严重的气藏，管柱积砂、砂埋问题突出（井筒状况差），给井下节流器的投放和打捞带来困难；对于超深、异常高温高压的气藏开发，例如克拉气田，井深约为 7000 m、井下温度约为 200℃，给井下节流器的投放作业及节流器本身的密封材料耐受性带来挑战。另外，井底测温测压时需要打捞井下节流器；调产需要重新作业。

（四）应用案例

长庆气田：气井井下节流技术在长庆气田累计应用 7000 余口井，满足了"井口不加热、不注醇，采气管道不保温"的中低压集气要求，节气 88900×10^4 m³、节约甲醇 16205 t，按照井下节流器工具及投放成本 3.8 万元/井、应用后每口井平均节约地面投资 150 万元、天然气 0.61 元/立方米、甲醇 1800 元/吨计，综合经济效益为 3.05 亿元。

西南油气田：该技术在川渝气田 200 多口井成功应用，防治了气田水合物，简化了地面流程，降低了地面投资，实现了单井无人值守，缩短了建设周期，平均设计周期缩短 22 天，单井建井周期由原来的 35 天缩短为 7 天，单井平均节约占地约 2100 m²，年节约天然气 3750×10^4 m³，按照单井节约投资 170 万元、天然气 1 元/立方米计，综合经济效益为 4.625 亿元，实现了气藏的规模效益开发。

十一、零散放空天然气回收技术

塔里木油气田在勘探开发过程中，一些偏远的零散单井存在伴生气放空的问题，若大规模建设集气管网来回收这部分放空天然气，投资大、风险高。为节约能源，保护环境，需要采取 CNG 技术回收零散井的放空天然气。

对于页岩气勘探开发，一般分为勘探、试采与评价、产能建设和生产 4 个阶段，其中试采是为了确定储层中流体的组成与性质，明确储层之间的关系，确定合理的稳定气井产量，合理预测储层的可采储量。

试采阶段气量和气质存在很多不可预测的变化，若采用先建管网、再开展页岩气井的试采工作，则存在管网建设周期长、投资风险高的问题；由于试采过程的不确定性，会出现页岩气产量低于经济的管输流量或天然气产气量远高于初期的试采规模，如此则管道建设不经济，会造成一定程度上的浪费。若不建设管网进行页岩气试采，一般是采取天然气直接放空测试，这不仅会造成资源浪费，也会增加碳排放量及燃烧噪音。

页岩气试采阶段放空天然气就地回收利用，无须新建任何管输管道；装置撬装化，结构紧凑，一般井场均可满足需求，无须新征用地，并可在不同井场间快速搬安，有利于快速试采，也有利于延长页岩气井试采与评价的时间，提高试采与评价的准确性。

（一）技术原理

适宜的回收工艺技术包括撬装液化天然气（LNG）回收工艺和撬装压缩天然气（CNG）回收工艺。

撬装液化天然气回收工艺：来自井口气经除砂、分离后进入撬装液化天然气回收装置，在装置内，原料气经过调压然后进入脱酸撬（活性 MDEA 工艺），主天然气经脱碳后进入天然气脱水脱汞单元，然后进入液化单元（采用混合制冷工艺），经过冷箱换热后液化成为 LNG，流出冷箱，得到液化天然气产品，再由液化天然气槽车外输。撬装 LNG 回收流程如图 4-22 所示。

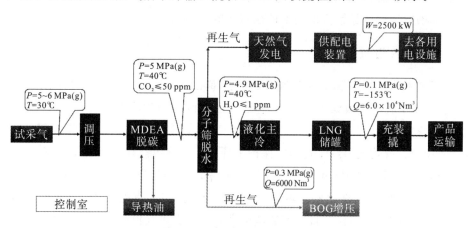

图 4-22　撬装 LNG 回收流程

撬装压缩天然气回收工艺：原料天然气进站后，先经过滤、计量、稳压，然后进入脱酸撬（活性 MDEA 工艺）；工艺气经脱酸后进入脱水装置，脱去其中的水分，使其露点达到或低于国家汽车用标准，然后进入天然气压缩机组增压后，压力达到 25 MPa；压缩后的高压气体经过滤后和高压缓冲后出压缩机组，然后进入储存设施或通过加气柱实现对天然气拖车的加气。

（二）技术特点

目前，零散放空天然气回收技术是油气田在开发过程中对偏远零散井实施放空天然气回收的有效途径，无须大量投资建设输气管网，项目建设风险系数较低。装置规模可大可小，机动性强，建设周期短（一般为 20～40 天），可重复利用。回收装置全部撬装化，结构紧凑，占地面积一般为 4～5 亩，一般井场均可满足需求，无须新征用地，并可在不同井场间快速搬安。

（三）适用范围

零散放空天然气回收技术适用于集输管线建设投资巨大，风险很高，且量少点多，地势偏远的零散单井、试采井。

CNG 回收技术适用于运距在 100 km 左右，放空气量在 2×10^4 m^3/d 以上的不含硫化氢的试采井，放空量较低的井回收经济性较差。装置占地约 5 亩，安装周期为 15 天，拆除周期为 10 天；具备能让总长 18 m 的长管拖车通过的道路条件；产品销售市场半径在 100 km 以内。

LNG 回收技术装置占地约 5 亩，安装周期为 40 天，拆除周期为 20 天；至少具备能让总长 12 m 的槽车通过的道路条件；能满足 3 m×3.4 m×14 m 的撬块进场搬运；产品销售市场半径在 500 km 以内

（四）应用案例

塔里木油田：从 2008 年年底开始进行零散放空天然气 CNG 项目施工，截至 2018 年年底，建成天然气回收装置 49 套，设计回收能力为 364×10^4 m^3/d，累计回收放空天然气近 30×10^8 m^3。相当于节能 399×10^4 tce，减排二氧化碳 630×10^4 t。有效地节约了资源，保护了环境，经济效益和社会效益显著。

西南油气田：2018 年，在长宁 213 井采用撬装压缩天然气回收技术，对试采放空气进行回收试验，取得了成功。长宁 213 井规模为 6×10^4 m^3/d（CNG），2018 年 9 月 20 日，安装调试完成，一次进气投产成功。日最高加气量为 10.5×10^4 m^3，2018 年共完成放空天然气回收气量 329×10^4 m^3，截至 2019 年 5 月 10 日，共完成回收气量 1394×10^4 m^3，价值 2091 万元（CNG 价格按 1.5 元/吨计），折合节能量为 18540 tce。长宁 213 井撬装压缩天然气回收现场用电由 2 台 600 kW 的天然气发电机、1 台 100 kW 的天然气发电机提供，每天耗气 2900 m^3。此装置投资 800 万元，静态投资回报周期为 0.35 年

（投资/节能能力，年运行时间按 270 天计）。

2019 年，在长宁 215 井采用撬装液化天然气回收技术，对试采放空气进行回收试验，一次性取得了成功。长宁 215 井规模为 12×10^4 m³/d，2019 年 3 月 1 日投产，截至 2019 年 7 月 1 日，共完成天然气回收气量 293×10^4 m³，价值 880 万元（LNG 价格按 3350 元/吨计），折合节能量为 3896.9 tce。此装置投资 4500 万元，静态投资回报周期为 0.67 年（年运行时间按 270 天计）。

一般情况下，试采期为 6~12 个月，取平均值 9 个月作为试采期，按现有产品价格：1.5 元/立方米 CNG，3350 元/吨 LNG，以长宁 213 井和长宁 215 井运行情况列表，详见表 4-8。

表 4-8 长宁 213 井、215 井运行情况列表

井号	规模 （×10⁴ m³/d）	耗气量 （m³/d）	节气量 （m³/d）	经济效益 （元/天）	试采期总体效益 （万元）	装置投资 （万元）	静态投资回报 周期（年）
213 井	6	2900	57100	85650	2312.55	800	0.35
215 井	12	8900	111100	250123	6753.36	4500	0.67

十二、燃气压缩机适应性改造技术

在气田开发生产过程中，伴随着气田产量的日益递减，增压机组压比不断升高，机组运行压比趋近设计极限压比，如不对机组实施技术改造，机组将无法正常运行。同时，由于机组负荷下降，燃料气消耗率升高，如果按照原工况运行，势必造成大量的燃料气浪费。提高单机处理能力，减少机组运行台数是最为直接有效的节能手段。由于更换新机组费用相对较高，因此对机组实施适应性改造是优先考虑的手段。受机组设计参数影响，当调整机组余隙、单双作用等手段已无法进一步提升机组处理能力时，需通过对增压机组实施缸径改造，进一步提升其处理能力，提高极限压比，在确保生产的同时提高在用机组运行负荷，并停用多余机组。

（一）技术原理

压缩机的动力缸在满足设计参数的情况下，可通过调节转速等手段来增加或减小输出功率，做功情况会直接影响燃料气消耗量。因此，在满足机组设计参数范围的情况下，可对压缩缸进行适当的改大或改小，以更好地匹配生产实际需求；通过该项技术，更好地延续气田开采生命周期，同时优化单台机组运行负荷。

对于多台机组低负荷运行的情况，通过改大压缩缸，提高单台机组处理能力，将多台机组处理气量倒入单台机组进行处理，在提高运行机组负荷率的同时停用其余机组，有效减少燃料气消耗量。

对于单台机组低负荷运行的情况，通过减小压缩缸，降低单台机组处理能力，提高运行机组负荷率，有效减少燃料气消耗量。

（二）技术特点

可充分利用原有设备，改造费用较更换新机组大幅度降低；改造后运行可靠，节能效果显著。

（三）适用范围

燃气压缩机适应性改造技术适用于原机组设计参数满足改造需求，且气源稳定，处理量波动较小的站场。通过单机改造，减少运行机组数量，如此才能获得良好的节能效果。

压缩机改缸需根据原机组设计参数，确认机组缸径改造后是否会影响机组的正常运行；部分机组缸径改造后，原有的配套管线及设施也要进行相应改造，才能满足处理量变大后的运行要求；单纯换缸需要的费用约为 30 万元，但根据配套设施改造的工作量，费用往往会提高到 70 万元。

（四）应用案例

西南油气田：近年来，先后在重庆气矿、蜀南气矿、川东北气矿等单位近10 余台机组进行了缸径改造，在满足生产需求的同时，取得了良好的节能效益。

2018 年，重庆气矿垫江采输气作业区对卧南增压站 ZTY470－9♯机组压缩缸进行了改造，将原来的 ZTY470MH8×6 改造为 ZTY470MH11×8。总投资 70 万元。改造后，年节约燃料气用量 24.75×10^4 m³。按照气单价 1.0元/立方米计，年综合经济效益为 24.75 万元，静态投资回收期约为 2.8 年，万元投资节能量为 4.70 tce。改造后机组运行平稳，无新增异常情况。

十三、天然气余压发电技术

部分气井开发初期的井口压力在 40 MPa 以上，需要节流到 10 MPa 以下，为防止形成水合物堵塞管道需在调压前加热节流。另外，天然气输配过程中，为满足管线、设备或工艺等要求，需要进行节流调压，动能、势能等未得到利用。目前，有两种类型的压差发电工艺：一是膨胀机发电工艺，根据膨胀机结构形式的不同，可分为螺杆膨胀机发电、轴流透平膨胀机发电和向心透平膨胀机发电。国内以天然气等易燃易爆洁净工艺介质进行膨胀发电的工厂所使用的工艺基本都为向心透平膨胀机发电工艺，而钢铁厂用高炉煤气进行膨胀发电所使用的工艺基本都为轴流透平膨胀机发电工艺，以工业蒸汽及污水为介质的发电工艺基本都为螺杆膨胀机发电工艺。二是气流动能冲击安装在管道内的叶轮带动发电机发电。

（一）技术原理

向心透平膨胀机发电工艺：采用膨胀机代替调压阀降压，实现天然气余压的利用。膨胀机将压力能转化为机械能，带动发电机发电。膨胀机发电撬采用向心透平膨胀机压差发电技术方案。机组由透平膨胀机、齿轮箱、发电机、干气密封系统、润滑油系统、自控系统、电控系统及其他配套件组成。发电机、齿轮箱之间采用联轴器连接，透平膨胀机、齿轮箱之间采用直连形式连接。

膨胀机发电撬的辅助系统由润滑油系统和密封系统组成。润滑油系统采用循环式带蓄能器的润滑油系统。密封系统可以采用干气密封系统或迷宫式密封系统。

气流驱动叶轮发电工艺：压差发电装置安装在单井高压集气管线上，装置内设有叶轮，将流动介质对叶轮的驱动力转换为旋转动能传递给叶轮轴另一端的防爆发电机产生电力，经电源控制柜加工后，成为符合我国电气设备用电要求的电能。

（二）技术特点

向心透平膨胀机发电工艺的主要技术特点为：发电效率高，机组结构紧凑，占地面积小，维修简单快速，变工况性能好等；设备密封件使用周期长，易更换，对于天然气这类易燃易爆介质来说，维护安全性更高。

气流驱动叶轮发电工艺的主要技术特点为：装置占地面积小，投资少，发电可用于加热节流后的气体。

（三）适用范围

向心透平膨胀机发电工艺适用于压差和气量较大的工况，但设备投资较大，对介质洁净程度要求较高。气流驱动叶轮发电工艺适用于井口小流量、小压差的发电，不能满足高压差井站节流后的温度要求。

（四）应用案例

西南油气田：在重庆天然气净化总厂引进分厂开展天然气余热膨胀发电项目，总投资 882.86 万元，新建 1 套余压发电装置，装机规模为 700 kW，处理能力为 $200×10^4$ m³/d；改造项目配套供配电系统、自控系统、给排水和消防系统等。项目已于 2020 年投产试运行。

长庆油田：基于高压天然气流动直接驱动的发电技术，解决了气田站场的余压利用和用电需求，在第四采气厂苏 6－4－5H1 井进行了试验，在压差为 0.6～0.8 MPa，日产气量为 $8×10^4～10×10^4$ m³ 的条件下，发电能力可达 15 kW 左右。10 kW 功率发电机投资 25 万元，投资回收期为 4.5 年。

十四、太阳能辅助原油加热技术

长庆油田地理条件较为恶劣，冬季气温低，原油中的蜡质、胶质物在低温下会发生凝固或凝结，使原油的黏度增大，流动性变差。为了保证高回压油井冬季正常生产，使用伴生气、电、煤等对原油进行加热。油田开发初期，伴生气资源丰富，井组加热以伴生气为主；随着油田不断开发，伴生气逐渐减少，部分井组单纯依赖伴生气已不能满足冬季加热需求，进而转为利用油、煤和电作为燃料进行加热，由于油田集输管线长，加热点多，能耗大且污染环境，开发及运行成本较高。据不完全统计，井场安装简易水套炉、电加热等常规加热设备 2200 多台，平均功率为 107 kW，年耗气量在 $2640×10^4$ m³ 以上，常规能源消耗量较大。

（一）技术原理

太阳能集热器在阳光充足的时段将太阳能转化成热能加热管线中的水，将热量储存至储热换热水箱；原油通过水箱内的换热盘管进行升温；在连续阴天或冬季夜间，水箱内温度低于设定的原油外输最低温度时，自动分级启动辅助电加热设备保持水箱工作温度，达到持续对原油加热的目的。

图4-23为太阳能辅助原油加热工艺流程图。

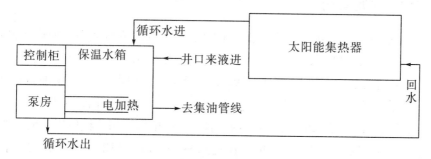

图4-23　太阳能辅助原油加热工艺流程图

该装置采用强制集热循环方法将太阳能以热水方式保存至集热水箱，通过水箱内部的原油换热盘管实现对外输原油的加热；通过现场需求设置水箱温度，使原油输送温度保持在一定的范围内。

（二）技术特点

（1）太阳能集热为主、电加热为辅，集成应用了无机超导太阳能热管集热、集热换热一体式水箱、智能调参和远程监控等技术，实现了井组高效可靠的低成本加热，综合节能效果好。

（2）利用太阳能集热管提取太阳能，减少了电加热使用时间，减少了常规能源消耗。

（3）实现了对井组管线全年不间断加热，解决了冬季管线扫线解堵的问题，减少了措施作业成本和人工成本，有效提高了井组管线的输送效率。

（4）自动分级启动辅助电加热设备保持水箱工作温度，达到持续对原油加热的目的。

（三）适用范围

适用于替代边远拉油单井的原油储罐电加热，井口电加热以及职工生活用热水采暖锅炉。

由于太阳能资源的不稳定性，必须有辅助能源系统提供热量，因此辅助能源的总能量必须大于系统的总能量需求。在项目中按照原油换热功率的1.2～1.5倍进行设计。在连续阴天或冬季夜间，太阳能提取较少，无法满足设定的原油外输最低温度，电加热使用时间较长。

（四）应用案例

长庆油田：2012 年，在长庆采油五厂的 26 个井组安装太阳能加热装置后，平均输油温度由 14.2℃上升至 33.7℃，平均升高 19.5℃；井组平均回压由 1.54 MPa 下降至 0.95 MPa，平均下降 0.59 MPa，效果明显。40 kW 加热能力投资为 29 万元/套，与电加热相比，平均节电 45%，平均投资回收期为 2.6 年。

在长庆油田 7 个采油厂进行现场试验，并在姬塬油田规模应用示范，共计 85 套，加热井数 316 口。换热能效比达到 90%，较常规电磁加热方式，节电率在 40%以上，年节电 850×10⁴ kW·h。

十五、太阳能光伏发电技术

沈阳采油厂原油油品具有含蜡量高、凝固点高、析蜡温度高和蜡熔点高的特点，生产耗电量较大。为提高采油厂的经济效益，急需开创新的节电技术和领域。分布式光伏发电项目符合国家节能减排政策，提高了井场的利用率。因光伏电站的电价低于采油厂从电力集团购入的电价，并且发电时间都在峰平时段，所以可减少采油厂电费成本支出，降低企业经营成本。

（一）技术原理

分布式光伏发电特指在用户场地附近建设，采用用户侧自发自用、多余电量上网的运行方式的光伏发电设施。井站分布式光伏发电项目的运行方式是，每天随着太阳升起在阳光的照射下开始发电，随着太阳落山光照强度不足停止发电，发电时间都处在峰平时段，发出的电能即时供井站设备使用，不足的部分由原有电网供给。同时，光伏电站的建设用地比较少，可以利用井站闲置的空地进行建设。分布式光伏发电遵循因地制宜、清洁高效、分散布局、就近利用的原则，充分利用当地的太阳能资源，替代和减少化石能源的消费。分布式光伏发电倡导就近发电、就近并网、就近转换、就近使用，不仅能够有效提高同等规模光伏电站的发电量，同时还能解决电力在升压及长途运输中的损耗问题。

（二）技术特点

（1）输出功率相对较小。一般而言，一个分布式光伏发电项目的容量在数千瓦以内。与集中式电站不同，光伏电站的大小对发电效率的影响很小，因此对其经济性的影响也很小，小型光伏系统的投资收益率并不会比大型的低。

（2）污染小，环保效益突出。分布式光伏发电项目在发电过程中，没有噪声，也不会对空气和水产生污染；可对区域电力的质量和性能进行实时监控，非常适合向油田采油井点供电，大大减小环保压力。

（3）可以发电用电并存。大型地面电站发电是升压接入输电网，仅作为发电电站运行；而分布式光伏发电是接入配电网，发电用电并存，且要求尽可能就地消纳。

（4）输配电损耗低甚至没有，无须建配电站，可降低或避免附加的输配电成本，土建和安装成本低。

（5）调峰性能好，操作简单。

（6）由于参与运行的系统少，启停快速，便于实现全自动。

（三）适用范围

光伏发电技术适合在太阳能丰富的地区使用，用于生活用电、沙漠绿化以及边远井辅助用电。在原有系统中加入分布式光伏发电系统，可能出现的问题主要是孤岛效应（指电网突然失压时，并网光伏发电系统仍保持对电网中的邻近部分线路供电状态的一种效应）。

（四）应用案例

辽河油田：沈阳采油厂井站分布式光伏发电项目利用井站的边角空间进行太阳能光伏发电，发电时段都处于峰平时段，可以为油田用电实现部分的削峰填谷，部分缓解峰时的用电紧张情况。光伏发电系统创新采用了新型智能双维追日系统，光伏阵列沿着两个旋转轴运动，能够同时跟踪太阳的方位角与高度角的变化，完全跟踪太阳的运行轨迹达到入射角为0°左右，以实现发电量最大化。本项目装机容量为 23.85 kWp，试验期间日最大发电量达到 230 kW·h，系统效率超过 80%（系统效率是受自然条件、设备技术水平和人为因素共同影响而表现出的整体效率），比同地区固定角度光伏发电系统发电量提高了 50%~70%。项目建成后，目前运行平稳。光伏发电系统运行期间油井设备工作稳定，电网运行平稳；该系统与 380 V 电源并网，不影响电网的平稳运行。

十六、空气源热泵技术

华北油田的边远区块拉油储罐的伴热和转油站使用的加热方式有电热棒加热，燃油、燃气加热炉加热等传统加热方式，其能耗大，且面临的环保要求日益严格，环保达标压力大。长庆油田井站全面推广无人值守，常规燃气、燃煤加热炉存在安全风险，需要一种更加安全平稳的加热方式。同时，常规电磁加热方式的热效率仅有 0.86，能源利用率低，生产成本高。

（一）技术原理

空气源热泵技术是一种利用高品位能量（电能、热能）驱动，实现将热量从低品位空气能向高温热源转移的技术，工作原理是压缩式热泵。

吉林油田应用的压缩 CO_2 空气源热泵是通过压缩 CO_2 使其压力达到 $12\sim14$ MPa 产生 140℃ 高温气体热能，通过冷凝器进行换热给原油或水等进行加热，冷凝器内的高温 CO_2 气体变成低温液态 CO_2。然后通过膨胀阀将压力降低，气体膨胀进入蒸发器，在蒸发器通过吸收空气中的热量把液体低温 CO_2 蒸发气化进入压缩机进行压缩，完成一个周期工作。

（二）技术特点

（1）超低温特种空气源热泵加热撬块，使用寿命一般在 15 年以上，无需人工值守，安装简单，可露天放置，维护成本低，故障率低，自动化程度高，无污染排放。

（2）空气源热泵相比传统电加热技术，能效比高，节能效果明显。年平均 COP 值能达到 2.7；耐低温性较好，在冬季 −20℃ 以下时 COP 值可以达到 2.1。年平均节能效果超过 50%，使用范围广，取热不受热源条件限制，设备撬装方便拆装。

（3）加温系统具有冬季防冻功能，在停机状态下，当系统温度低于 5℃ 时，系统就会对与原油连接的管道、流量计及阀件等进行加热。此机组冬季禁止断电；如果机组断电，设备系统本身具有的管道吹扫功能将启动，3 小时内将主机设备和室外管道内的原油排出，预防冻坏换热器部件及管道。

（三）适用范围

适合的环境温度为 −35℃~45℃，主要用于替代电加热，也可用于替代以 LNG 为燃料的加热炉。在加热到 70℃ 以上后泵效降低。冬季室外温度低，容易结霜。

（四）应用案例

华北油田：晋 40 站、赵 36 站、辅助生产区空气源热泵的应用，经核算，冬季环境温度在 −5℃ 左右时，设备运行平均 COP 值分别达到 2.23、2.11、

2.00；夏天环境温度高，预计节能效果更明显。晋 40 站空气源热泵运行情况见表 4—9。

表 4—9 晋 40 站空气源热泵运行情况

月份	1	2	3	4	5	6	7	8	9	10	11	12	合计
用热负荷（kW）	165	165	160	150	135	110	90	100	115	135	145	160	—
平均 COP 值	2.11	2.13	2.25	2.35	2.49	2.69	2.89	2.9	2.55	2.31	2.19	2.08	—
热泵耗电量（$\times 10^4$ kW·h）	5.82	5.21	5.29	4.60	4.03	2.94	2.32	2.57	3.25	4.35	4.77	5.72	50.87
电加热器耗电量（$\times 10^4$ kW·h）	12.28	11.09	11.90	10.80	10.04	7.92	6.70	7.44	8.28	10.04	10.44	11.90	118.83

晋 40 站空气源热泵年节约用电量 67.98×10^4 kW·h，年节约用电费用 46.2 万元，改造投资 84 万元，投资回收期为 1.82 年。

晋 40 站空气源热泵冬季若采用天然气供热，天然气单价为 3.27 元/立方米，按照制热功率为 160 kW、加热炉炉效 80% 计，热泵日均耗电 1206 元，天然气供热每日费用为 1491 元。

晋 40 站采用空气源热泵比采用燃气加热炉日节约费用 284.9 元，投资回收期更短。

赵 36 站空气源热泵年节约用电量 39.61×10^4 kW·h（耗电情况见表 4—10），年节约用电费用 26.93 万元。赵 36 站空气源热泵改造投资 70 万元，投资回收期为 2.6 年。

表 4—10 赵 36 站空气源热泵运行情况

月份	1	2	3	4	5	6	7	8	9	10	11	12	合计
用热负荷（kW）	84	81	121	88	75	59	60	61	70	74	80	86	—
平均 COP 值	2.01	2.08	2.21	2.35	2.38	2.57	2.69	2.90	2.74	2.62	2.38	2.16	—
热泵耗电量（$\times 10^4$ kW·h）	3.10	2.67	4.10	2.76	2.33	1.65	1.65	1.51	1.84	2.10	2.42	2.97	29.10
电加热器耗电量（$\times 10^4$ kW·h）	6.24	5.56	9.06	6.50	5.55	4.24	4.44	4.38	5.05	5.51	5.76	6.42	68.71

通过对赵 36 站 2 月份设备数据的采集分析，热泵日耗电费用为 522 元。若采用天然气供热，天然气热值按照 3.8×10^4 kJ/m³ 计，单价按照 3.27 元/立方米计，加热炉炉效按照 80% 计，天然气供热每日费用为 596.8 元，采用空气源热泵比采用燃气加热炉日节约费用 84.5 元。

除上述地区外，还在留西工区留 60-10X 井和河间工区河四计应用空气源热泵。2016 年 5 月，在留西工区留 60-10X 井组安装空气源热泵。保证油罐油温在 70℃～73℃ 的条件下，相较于传统电加热方式节能约 34.92%。空气源热泵设备实际应用期间，全年平均日耗电 389 kW·h，传统电加热方式平均日耗电以 625 kW·h 计，平均日节电 236 kW·h，年节约用电约 86140 kW·h，年节约电费 6.89 万元。留 60-10X 井组空气源热泵改造投资 23.785 万元，投资回收期为 4 年。2019 年 3 月 26 日，在河间工区河四计安装空气源热泵。在保证管线集油正常的条件下，空气源热泵平均日耗电 195 kW·h，传统管线电加热方式平均日耗电以 413 kW·h 计，平均日节电 218 kW·h。河四计空气源热泵改造投资 28.72 万元，投资回收期为 4.5 年。

吉林油田：2016 年，红岗采油厂 D56 安装了一台 15 kW 压缩 CO_2 空气源热泵，替代两台 30 kW 电加热装置，节能监测站监测夏季节能效果达到 70% 以上。原年耗电 52×10^4 kW·h，应用空气源热泵后，同等条件下做对比，年耗电 37×10^4 kW·h，年节电效益为 9.2 万元，项目投资 40 万元，投资回收期为 4.35 年。

第三节　注水系统

在油田注水系统对标实践中应用的节能技术主要包括电动机节能、注水泵节能、系统优化调整等。其中实践应用的电动机节能技术包括高压和低压电动机变频调速、前置泵串级调速、斩波内馈调速、耦合调速、高效节能电动机等；注水泵节能主要包括离心泵减级、离心泵涂膜、离心泵换柱塞泵等；系统优化调整包括局部增压注水、分压注水、仿真优化、水力自动调压泵、管网清除垢等。经筛选、总结、评价和再总结，形成成熟、先进，具有较高的推广应用价值的最佳节能实践 3 项。

一、注水泵变频调速技术

注水是目前油田开发的主要开采方式。由于受油田井网调整、储层油量变化的影响，每天配注量要根据地质及生产需要进行不断调整。为适应注水量的变化，传统的方法是人工启停注水泵或者手动调节进水阀门、回流阀门来满足工况要求。在这种操作状况下，由于阀芯长期处于半开状态，受高压水的连续冲击，极易造成阀芯磨损、变形，导致关闭不严。同时，注水泵频繁启停缩短了机泵使用寿命，加之注水泵长时间小排量运行，泵体温度升高会损坏填料密封性，诱发高压水伤人事故。另外，电动机长期处于高耗能状态运行，能源浪费严重。如果采用变频器对油田注水泵电动机进行变速调节，实现注水量连续调节，将是一项非常有效的节能措施。

（一）技术原理

变频调速是通过改变电动机定子绕组供电的频率实现的，把工频电源转换成频率可调的电源，达到改变电动机转速的目的。交流异步电动机的转速与其电流频率成正比，即

$$n = 60f(1-s)/p$$

式中：n——电动机转速；

f——电源频率；

s——异步电动机的转差率；

p——电动机极对数。

注水泵站所使用的变频调速系统是根据实际用水压力大小来设置变频调速控制的。其原理具体为：当实际的注水压力大于所需注水压力时，将注水泵机组的电源频率降低，这样就可以适当降低管道内的输出压力，节省不必要的能量损耗；而如果在运行过程中，实际的注水压力小于所需注水压力时，就将注水泵机组的电源频率调高，满足采油实际所需注水压力。利用这种方式来控制输出的水压，既可以有效满足采油过程中对水流压力的需求，又能够大量节约能源。注水系统由变频控制装置与注水泵组合而成。

高压变频调速技术是指对于 6 kV 或 10 kV 这样的高压电动机，采用高压变频器驱动电动机进行调速运行的变频调速技术。高压变频调速技术的原理与低压变频调速技术相同。根据电压组成方式，高压变频调速技术可以分为"高—低—高"式的间接变频、"高—高"式的直接变频两种。

"高—低—高"式的间接变频是在低压通用变频器输入侧加一台降压变压器，在变频器输出侧再加一台升压变压器，如此向高压电动机供电的变频调速系统。这种方式由于存在中间低压环节电流大、效率较低、体积大等缺点，较适用于 200～500 kW 的小容量高压电动机的调速。

"高—高"式的直接变频是采用低压变频器串联构成高压变频器，即带分离直流电源的串联型多电平变频器，也称低压 H 桥串联式高压变频器。电网电压经变压器降低到所允许的电压，在逆变器各相中，串入单相变频器，经低压单相变频器变频后，实现高压输出，直接供给高压电动机。这种方式产生的电流波形接近正弦，其输出电压的最大值由单相变频器串入的数量决定，很容

易达到 6 kV 或 10 kV。

在高压注水泵机组使用高压变频调速技术，就是通过检测注水泵出口及汇管压力，相应调整注水电动机电源的频率，闭环控制注水泵转速，从而调节水量、降低泵管压差，避免电动机在工频状态下运行，通过出口节流和回流控制注水泵造成的能量损失。

（二）技术特点

（1）设有压力传感器，根据压力变化，自动调整泵排量和自动启动、停止注水泵，以维持注水系统压力的恒定。当变频控制电路出现故障时，可切换至手动位置，使注水泵直接在工频下运行，保证正常注水。

（2）可实现 0%～100% 无级调速，压力流量调节范围宽，无泵管压差。高压变频调速技术可实现输出电源频率 0～50 Hz 或者更广的频率变化范围，能达到零转速和工频转速之间的无级平滑变化。

（3）实现大功率电动机的软启动，启动电流较小，改变了高压注水泵电动机启动时 5～7 倍额定电流冲击的状况，延缓了电动机绝缘老化的时间。

（4）功率因数可提高至 0.9 以上，能降低变压器和输电线路的容量，减少线损。

（5）一台变频器可同时对一台或多台三相 380 V、50 Hz 的注水泵电动机进行自动控制。

（三）适用范围

适用于需要经常调整频率的注水泵电动机。变频调速技术针对注水泵站的不同泵压要求，需合理设计变频器的数据，才能使油田注水系统达到最经济的运行状态。

高压变频调速器投资略高，每千瓦价格约为低压变频调速器的 1.5 倍，且设备多、体积大，对环境要求高。

（四）应用案例

辽河油田：沈阳采油厂牛居联合站现有注水泵 4 台，目前正常启运 1 台 800 kW 的高压注水泵，注水排量为 100 m³/h，管网平均干压为 14 MPa，泵压为 16 MPa。实施变频调速之前，注水泵高压电动机工频运行，日耗电量为 19487 kW·h，注水单耗为 8.55 kW·h/m³。

2013 年，在该注水泵电动机安装高压变频调速器，使其根据负载变频运行。变频器投运后，泵压降低至 15.1 MPa，日耗电量为 14594 kW·h，注水单耗为 6.08 kW·h/m³，节电率达 28.89%。年节约运行耗电量 163.1×10⁴ kW·h，年节约运行耗电费用 107.6×10⁴ 元。静态投资回收期为 1.1 年，万元投资节能量为 4.36 tce。

玉门油田：注水系统均采用变频调速技术，根据注水所需压力，调整注水泵机组电源频率。实现变频控制后，电动机在启动过程中从低频开始缓慢加速，经几秒后达到设定频率。由于启动电流很小，减小了对电动机的冲击，延长了设备的使用寿命，节约了维修成本，节能效果明显。以 2015 年改造单北注水站为例，2 台 110 kW 注水泵、2 台喂水泵及配套变频调速器，总投资 119.1 万元，通过改造前后对比测试、计算，机组效率提高 19.1%，机组单耗下降 1.96 kW·h/m³，机组有功节电率为 32.88%，机组无功节电率为 39.60%，年节电量为 55×10⁴ kW·h，节约成本 33 万元，投资回收期为 3.61 年。

二、注水泵带载启动矢量控制技术

目前，油田柱塞式注水泵电动机的拖动系统主要是软启动器和普通变频装置，由于电动机功率大、注水压力高，这两种装置启动力矩小，不能实现带压力起泵，需要打开回流阀泄掉管线压力后再启动，这样会导致启动过程产生回流，且人员操作存在一定的安全风险；受地层吸水状况、注水泵效、动态调配等影响，注水泵运行过程也会产生回流。

（一）技术原理

矢量控制是通过测量和控制异步电动机定子电流矢量，以坐标变换将三相耦合交流系统转变为互相垂直的两相直流被控量，分别控制电动机磁场和转矩，使其达到类似直流电动机的特性（调速范围宽、启动转矩大、过载能力强），从而达到提高异步电动机启动过程转矩的目的。

通过坐标变换可以把异步电动机等效为直流电动机，模仿直流电动机的控制方法，求得直流电动机的控制量，经相应的坐标反变换，就能够控制异步电动机，使交流变频调速系统的静态、动态性能达到直流调速系统的性能。

（二）技术特点

（1）采用矢量控制方式，可实现常规电动机拖动注水泵直接带压启动，消除启动过程的回流，减少现场的操作强度和风险。室内模拟试验，矢量变频器输出转矩在启动时能够达到额定转矩的 200%，可以实现注水泵直接带压启动，且启动电流仅为电动机额定电流的 2/3。

（2）采用智能全闭环联控技术，实现注水泵稳压注水，消除运行过程的回流，节能降耗效果明显。注水压力波动小于 0.1 MPa，并可实现 2 台泵联控自动注水，以优化泵的运行参数。

（3）电动机散热采用自适应多级散热系统，可保障系统的平稳运行。电动机调速范围可达 20~50 Hz，可最大限度发挥矢量控制系统的调速范围和优势。

（三）适用范围

矢量控制技术由于具有过载能力强、启动力矩大、控制精度高等特点，更适合用于重载启动的电动机控制，如高压柱塞式注水泵、输油泵和大功率抽油机的启动。

（四）应用案例

长庆油田：该技术已在采油一、三、五、六厂等单位 26 个注水站进行应用，完全消除了注水泵启动过程的回流，实现了注水泵直接带压起泵，降低了注水泵能耗，降低了现场操作风险和劳动强度。年节约电量 950×10^4 kW·h，节约电费 589 万元；26 个注水站每年可减少高压阀、电动机等维护工作，节约 104 万元维护成本；合计 693 万元。年节能量折合标煤为 3173 t，节能减排效果明显。185 kW 注水泵投资 21.5 万元，315 kW 注水泵投资 36.1 万元，投资回收期平均为 2.7 年。

注水泵采用矢量变频改造后，运行更平稳，减少了机械振动，减少了设备维护保养频次；实现了自动注水，降低了人员劳动强度，提高了注水站自动化数字化管理水平，为注水站自动注水无人值守和减员增效提供了技术保障。

三、低效电动机高效再制造技术

油田低效电动机数量多，占比较大，如按国家相关要求全部更新，公司不仅存在资金上的压力，而且非正常停机会影响正常生产，并且还会产生环境污染和材料浪费等问题。开展再制造工作，是实现资源节约和循环经济的一个重要途径。

（一）技术原理

低效电动机高效再制造技术，是将低效电动机通过重新设计、更换零部件等方法，再制造成高效率电动机或适用于特定负载和工况的系统节能电动机

（如变极多速电动机、变频电动机、永磁电动机等）。低效电动机高效再制造技术不光会用到新的材料，还有新的拆解、加工工艺，实施个性化的重新设计。该技术是对不同的部件根据检验结果实施针对性的措施，但一般来说，定子和转子的一部分是需要更换的，机座（端盖）等一般保留使用，轴承、风扇、风罩和接线盒等全部使用新的零部件（其中新更换的风扇和风罩属于节能高效新设计产品）。图4-24为低效电动机高效再制造的工艺流程图。

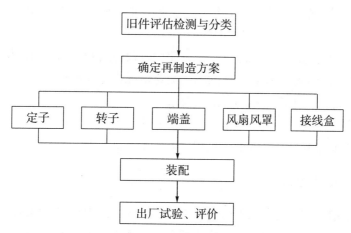

图4-24　低效电动机高效再制造的工艺流程图

低效电动机的高效再制造是一种系统改造工艺，不但产生节能效益、经济效益，还可最大化实现资源的循环利用。其与传统的翻新、维修有明显的区别，详见表4-11。

表4-11　低效电动机高效再制造与传统翻新、维修的区别

对比项目	传统翻新、维修	高效再制造
目的不同	以恢复使用功能为主，修理后的电动机效率指标有所降低	再制造为高效电动机，其效率值达到GB 18613—2012能效等级的3级或2级
工艺方法不同	工艺相对粗放、落后及不合理的拆解方法会对环境造成污染	采用无损、环保、无污染的拆解方式，最大限度地利用和回收原电动机的零部件
使用寿命不同	只更换故障零部件，使用寿命短	更换新的绕组、绝缘、轴承，使用寿命和新制造的电动机相当

低效电动机的高效再制造是个性化、系统化的再制造，再制造后的电动机能效等级可达到《中小型三相异步电动机能效限定值及能效等级》（GB 18613—

2012）能效等级的 3 级或 2 级，且使用寿命可达到新电动机的要求，其经济效益、环境效益都优于普通维修。

（二）技术特点

（1）再制造后的效率达到 IE2（能效等级 3 级）及以上，系统节能效果比单纯更换高效电动机更好。

（2）采用无损、环保、无污染拆解方式，最大限度地利用和回收原电动机的零部件。

（3）更换新的绕组、绝缘、轴承，使用寿命与新制造的电动机相当。

（4）输出功率根据实际工况的增、减容情况进行匹配。

（5）满足实际工况对启动性能的要求。

（6）满足原电动机使用环境、安装尺寸等要求。

（7）成本低廉，与高效电动机相比，成本降低 20% 以上。

（三）适用范围

适用于纳入淘汰目录的低效电动机，旧电动机机座、端盖等铸铁件完好，无破裂、缺损，定子、铁芯转子无严重烧毁、变形、锈蚀的可以进行再制造。再制造是一项系统工程，可根据实际情况调整、更换相关设备，使得系统节能效果达到最优。需将低效电动机返厂再制造，若现场无备用电动机则会影响生产。

（四）应用案例

长庆油田：以庆三联注水泵上配置的电动机为例，电动机型号为 Y2-355M2-6，功率为 185 kW，额定效率为 94.5%，实测 4 台电动机的平均有功功率为 154 kW，平均负载率为 83%。经过一次修复后，效率下降到 91.5% 以下，再制造后效率可达到 95.3% 以上，相比提高了 3.8 个百分点。根据该站泵运行方案，以年利用时间 310 天、24 小时运行、电动机 0.62 元/度计：

普通维修费用：80 元/千瓦时，则修复一次需 1.48 万元；

再制造费用：200 元/千瓦时，需 3.7 万元，旧电动机折旧 0.5 万元，则实际费用为 3.2 万元。

再制造比普通维修费用增加：（3.2-1.48=）1.72 万元。

而再制造的电动机比普通维修后的电动机一年可减少的电费和维修费：

（1）节省电费 [185×83%×24×310×（95.3%-91.5%）×0.62=] 2.69

万元。

（2）据统计，庆三联的注水泵电动机平均半年维修一次，如果更换为高效电动机，其寿命延长，可节省再制造与传统维修相比所增加的费用。

采油一厂杏河作业区杏1注2号注水泵为柱塞泵，泵型号为50SB2-49/20，驱动电动机为2003年6月无锡华达电动机有限公司生产的Y355L2-6普通三相异步电动机，属纳入淘汰目录的电动机。该电动机装机功率为315 kW，额定电压为380 V，转速为985 r/min，电动机配备变频调速装置运行，运行效率达94.47%，运行功率因数为0.9196，温升为106 K。原普通三相异步电动机能效水平较低，自身损耗大，电动机运行发热量大，温升高。

将其再制造为YX3-355L2-6高效电动机，装机功率、额定电压、电动机转速均保持不变，按原电动机运行工况运行时，监测其运行效率可达95.53%，运行功率因数提高至0.9268，温升仅为65 K，大大降低了电动机无功损耗，温升降低，使用寿命延长。据监测单位注水量电耗由原来的6.640 kW·h/m³降低到6.483 kW·h/m³，注水系统效率提高了2.4%，年节约用电量29830 kW·h，年节约用电费用21478元，静态投资回收期为2.28年，万元投资节能量为1.95 tce。

第四节　热力系统

在油田热力系统对标实践中应用的节能技术主要包括高效加热炉、高效燃烧器、燃烧自动控制、提高传热效率和余热回收等。其中实践应用的高效加热炉包括相变加热炉、冷凝式加热炉、主动除垢式加热炉、井场反烧式加热炉等；各油田使用的高效燃烧器包括进口和国产的全自动燃烧器、油气混烧燃烧器、优化控制燃气燃烧器和膜法富氧燃烧等；燃烧自动控制技术包括智能燃烧控制、烟气含氧量检测与控制、火焰监控、远程自动等；提高传热效率技术包括耐高温强化辐射涂料、耐高温强化吸收涂料、无机传热、引射式辐射管、可抽式烟火管、刮板机械式自动除防垢装置、空穴射流清洗、化学清洗除垢等；余热回收技术包括板式空气预热器、热管式空气预热器、半冷凝式烟气余热回收等。经筛选、总结、评价和再总结，形成成熟、先进，具有较高的推广应用价值的最佳节能实践10项。

一、智能燃烧控制技术

油田原有井口及计量站加热炉大量采用自然引风（大气）式燃烧器，结构简单，燃气控制及调风控制采用人工手动调节阀门来完成；此工艺不能准确调节空燃比，在点火过程中，燃气空气配比不当时存在闪爆风险。

而配风的过量空气系数直接影响到排烟热损失和热效率：过量空气系数过大，炉膛温度下降，鼓风机电耗增加，排烟体积和排烟热损失增加，锅炉效率下降；过量空气系数过小，燃料不能完全燃烧。统计表明，过量空气系数每增加 0.1~0.2，锅炉效率降低 0.2%~0.5%。

（一）技术原理

运用智能燃烧控制技术是可以保证加热炉高效、安全可靠运转的重要措施之一。对加热炉的运转参数温度、压力、燃料量、过量空气系数等进行控制，使其达到各项设计指标。

智能燃烧控制技术使用了加热炉比例调节式燃烧器，其在满足以上基本功能的基础上，还进行了升级改造：

（1）燃烧过程电子比例调节。燃烧器中的电子复合调节器，通过空气与燃气的固化曲线，合理调节燃气和风门挡板驱动，使过量空气系数更合理。

（2）氧化锆氧分析仪。使用氧化锆氧分析仪，对排烟出口的氧含量进行检测，调整燃烧器的空燃比，对加热炉工况进行调节，使加热炉过量空气系数更合理。

（3）烟气在线监测系统。该系统由测尘仪、温度、流速、压力测量仪、取样探头、伴热管线、烟气采集控制及预处理系统、气体分析仪（SO_2、NO_x、O_2）、采样反吹控制装置、标准气组成。

（二）技术特点

全自动电子比例调节式燃烧器可实现以下功能：①燃烧器自动点火、火焰监测、熄火保护及故障显示。②燃气压力检测，助燃空气温度自动补偿。③燃烧工况自动调节，保证加热炉运行的最佳工况。④燃烧器在线动态检测各执行元件（安全检测）。⑤实时监控加热炉运行参数，可实现对加热炉正平衡炉效的即时计算、实时显示的目的；通过加装风门微调、燃料微调并加装氧含量传感器、环境温度检测装置等炉况优化自控装置，可实现单台加热炉燃烧配比直观显示及合理优化控制，达到节能减排、降耗的目的。

（三）适用范围

适用于功率在 200 kW 以上，使用自然引风扩散式燃烧器的加热炉；若对功率在 200 kW 以下的加热炉进行改造，则投资回收期较低。也适用于燃烧器无法自动调节配风的油田注汽锅炉。

（四）应用案例

大庆油田：第三采油厂作为大庆油田的加热炉提效工程示范区，2015 年对萨北开发区 28 套腐蚀老化燃烧器实施了改造，加装了炉况优化监控装置，以实时检测氧含量，解决现燃烧器高耗能、易损坏的问题，保证其稳定、高效、安全运行。炉况优化监控装置具备炉效监测系统，可对加热炉炉效进行实时监测，当发生超负荷、低炉效以及罐内结淤、结垢严重等问题时，系统可自动报警，实时监测加热炉的用气量，并配含氧量、排烟温度、燃气流量等多参数的串级联动控制空燃比系统，以实现最大限度降低站场天然气能耗。经节能监测确认，安装炉况优化监控装置后可实现单台加热炉热效率上升 3～5 个百分点，预计单台年节气 $3.75×10^4$ m^3，年节气费约 6 万元。单台设备估算投资为 15 万元，投资回收期约为 2.5 年。

新疆油田：2015 年起，开展加热炉提效改造节能工程，涉及燃烧器更新的自动配风燃烧器有 116 台，其中井口加热炉为 19 台，计量站加热炉为 97 台。热效率平均提高了 4.3 个百分点。提效后加热炉平均热效率提高至 85% 以上。以 15 MW 燃气锅炉为例，单台燃烧器价格为 49 万元，投资回收期为 2.1 年。

二、热管余热回收技术

新疆油田稠油热采生产站内冬季采暖保温大都采用高压蒸汽节流后进入站内采暖保温，随着部分采油计量站采暖系统应用了采出液换热采暖技术，成功地将"汽暖"改造成"水暖"，为油田公司稠油开采提供了新的采暖模式。但由于采出液腐蚀性较强，换热装置受腐蚀严重，导致泄漏时有发生，还存在易堵塞、结垢沉沙及不适用密闭集输流程等问题。因此，需寻找新的可利用采出液热量的采暖工艺和装置，在有效节约蒸汽耗量的同时，保证系统运行的平稳和安全。

（一）技术原理

图 4-25 为热管换热器原理示意图。如图 4-25 所示，高温采出液经过热流体通道后，将热量传递给超导腔体内的超导介质，从而加热超导介质产生蒸汽，经上升管进入上部超导腔内将热量传递给冷源介质（即冷却水），此时超导介质温度下降，从而发生冷凝，产生冷凝液沿着管壁通过下降管进入下部超

导腔。从而往复不断循环运动，将冷流体热量不断传递给冷源介质，从而实现高温含水原油加热冷却水的目的。

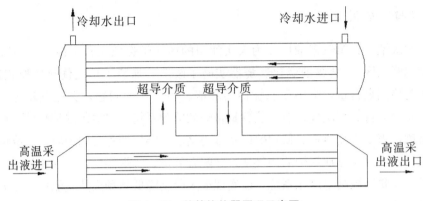

图 4-25　热管换热器原理示意图

(二) 技术特点

分离式热管不仅具有普通热管的优点（良好的传热性、优良的等温性、壁温的可调节性、冷热源互串可能性小等），更重要的是避免了普通热管的失效问题。其主要特点如下：

(1) 设备安全可靠，运行稳定，负荷适用范围大，能适应频繁启停的工况。常规换热设备一般都是间壁换热，冷热流体分别在器壁两侧流过，如管壁或器壁有泄漏，则将造成停产损失。由热管组成的换热设备，是二次间壁换热，所以大大增强了设备运行的可靠性。同时，由于蒸发腔内充满了饱和工质，热容量大，且停运后，可起到保温作用，能适应频繁启停的工况。

(2) 具有良好的等温性，可避免死油区的形成。由于受热蒸发段和放热冷凝段具有较好的等温性，原油在通过换热器时不会出现局部过冷的现象，从而避免了死油区的形成；同时还可避免冷却水路的局部汽化情况的发生。

(3) 不易沉沙，换热元件相互独立，维修、维护方便。原油管路为单流道结构，本身具有自清洗功能，能够降低泥沙堆积结垢的可能。同时，设置了防积沙措施，能够降低泥沙堆积的可能。一旦积沙，清洗较为方便。系统换热元件由多组换热管束组成，各组之间相互独立，因此，其中一组甚至几组积沙或损坏失效可将管束单独抽出，进行清洗等处理，维修、维护较为方便。

(4) 受热蒸发段与放热冷凝段可分开布置，以实现远距离传热。这给工艺设计带来了较大的灵活性，尤其适用于工业换热与余热回收，也给装置的大型化、热能的综合利用以及热能利用系统的优化创造了良好的条件。

（5）工作介质的循环依靠重力作用，无须外加动力。无机械运动部件，增加了设备的可靠性，也极大地减少了运营费用。

（三）适用范围

热管余热回收技术具有耐压性强、换热效果好、布置灵活等众多优点，可同时解决目前在用的采暖换热器不适用密闭集输、换热效果差、易结垢积沙等技术难题。

（四）应用案例

新疆油田：2014 年，在重油公司简 14 号站进行了分离式热管换热采暖技术改造，改造至今，室内平均温度保持在 20℃～25℃，采暖效果良好，且未发生换热器堵塞、泄漏等问题。通过换热系数计算，分离式热管换热器换热系数在 280 W/(m² · K) 以上，管壳式换热器换热系数在 85～140 W/(m² · K) 之间，在换热量相同的情况下，采用分离式热管换热器换热面积较小，装置体积较小。简 14 号计量站，改造投资 20 万元，投资回收期为 1.18 年。

三、注汽锅炉烟气冷凝余热回收技术

新疆油田稠油开发主要采用注蒸汽热采的形式，利用注汽锅炉生产蒸汽注入井底，其能耗占油田生产总能耗的 85.4%。而注汽锅炉在生产过程中会产生大量外排高温烟气资源，排烟温度在 160℃以上，其烟气余热资源总量占注汽锅炉生产能耗的 9%以上。

（一）技术原理

燃气注汽锅炉的排烟温度一般在 160℃以上，当烟温低于烟气中水蒸气的露点温度时，水蒸气凝结成液态水，释放出大量潜热，烟气冷凝技术即针对这一现象对烟气余热进行回收利用。换热系统采用两级换热工艺，先采用助燃空气与烟气换热，烟温降至 80℃回收显热，后采用锅炉给水与烟气换热，烟温降至 58℃回收潜热。

2014 年，新疆油田开展对单冷源注汽锅炉烟气冷凝技术的研究，通过在锅炉尾部安装烟气冷凝换热器回收烟气显热和潜热。针对部分供热站的调产运行情况，为提高烟气冷凝装置的利用率，节约投资，采用单台烟气冷凝装置配套两台注汽锅炉的"一拖二"系统，通过烟道阀门的控制，实现两台注汽锅炉共用一套烟气冷凝装置。

（二）技术特点

注汽锅炉烟气冷凝余热回收技术充分回收了烟气中的水蒸气潜热，有效提高了锅炉热效率，且冷凝换热器采用表面覆铝方式，在保证烟气冷凝效果的同时，延长了换热器的使用寿命。

（三）适用范围

对于给水为高温回用污水的锅炉，只能采用单冷源换热模式，烟气温度降低有限；双冷源换热模式适用于给水为清水或低温水的锅炉，具有较好的回收效益；"一拖二"单冷源烟气冷凝换热工艺适用于相邻两台运行工况相似的注汽锅炉，且合计运行时率不低于 90%。

（四）应用案例

新疆油田：2011 年起，开始在风城、重油及一厂等稠油区块试验并逐年推广烟气冷凝技术，从最初的双冷源设计到单冷源及单冷源"一拖二"模式，外排烟气温度降至露点温度以下，节能率达到 6%，年可节约天然气 70×10^4 m³。注汽锅炉烟气冷凝设备单套改造投资 155 万元，投资回收期为 2.01 年。

四、远红外耐高温辐射涂料技术

随着油田逐年开发，由于运行时间长、采出液成分复杂等原因，造成加热炉频繁出现结垢严重、热效率低、加热能力不足等问题，给生产管理和节能降耗带来了很大的难度。

（一）技术原理

远红外耐高温辐射涂料是由多种耐高温、强辐射率、耐蚀性和高耐磨性的物质组合而成的特种功能节能涂料，按用途不同分为火管内壁和管式炉炉墙涂料。

涂料涂刷在加热炉火管内壁，受热可发射远红外线，将热能转换成远红外辐射能，穿透管壁直接作用于被加热介质，使其迅速升温，从而提高传热效果。

涂料涂刷在管式加热炉内壁上，通过涂层的红外辐射作用，改善炉内热交换，提高炉膛内温度场强及均匀性，使燃料燃烧更充分，提高加热炉的热效率，削弱炉墙表面的传热能力，提高耐火材料的性能，延长炉体内衬的使用年限。

（二）技术特点

改善炉内热交换环境，提高炉膛内温度场强度和均匀性；减少受热面平均灰垢厚度，降低结焦强度；炉内受热面辐射和传导热量增加，提高换热效率。

（三）适用范围

适用于火筒炉、水套炉、相变炉及管式炉，涂层在运行 1～3 年后性能有所下降。

（四）应用案例

大庆油田：2017 年，第七采油厂应用远红外高温辐射涂料技术涂敷加热炉 129 台。总投资 110 万元，以葡北 7♯转油站 1♯、3♯掺水炉，太南 2♯转油站 2♯、3♯掺水炉为例，根据节能技术监测评价中心的测试报告为依据，对比涂刷节能涂料前后加热炉的节能效果。涂刷节能涂料后，热效率提升了 1.5％，按照涂敷前平均单炉日耗气 2000 m^3、涂敷后单炉节气 29.3 m^3/d、涂敷有效期为一年计，129 台加热炉年节气 113.3×10^4 m^3，按照气单价 1.618 元/立方米计，年综合效益为 183.32 万元，投资回收期为 0.6 年，万元投资节能量为 3.5 tce。

五、耐高温强化吸收涂料技术

油田生产系统用加热炉及生活供热锅炉的能源消耗量大，热力学理论表明，加热炉、锅炉的吸热体表面直接获得垂直辐射的能量，是最高效的传输热量的方式。耐高温强化吸收涂料是在原来的远红外线吸收涂层的基础上，在原材料组分、加工工艺以及现场施工技术上进行升级，形成的敷在吸热体表面的定向吸热膜层的技术，使用寿命和节能效果都得到提升。

（一）技术原理

在热源作用下，耐高温强化吸收涂料受热形成固化瓷膜，向被加热介质进行热辐射，增强被加热介质的热能吸收效率。热辐射到达吸热体表面后，使介质的分子、原子加剧运动，产生激烈共振现象，并迅速转变成热能，提高水冷壁的导热率，从而实现节能降耗。

由于电磁波对燃料分子具有辐射作用，使炉膛内的燃气分子受到多次辐射而产生能量跃进，燃气分子团产生微爆。在烟气流漩涡分离作用下，未燃尽的燃气分子团甩回炉内，实现二次燃烧，这样就减少了由于化学不完全燃烧造成的热损失，从而提高燃料的燃烧效率。

（二）技术特点

产品现场应用高效期达到 3 年，加热炉的受热体表面诞敷定向吸热膜层后，在同等工况条件下：加热炉升温快，热效率大幅度提高，由于化学不完全燃烧造成的热损失明显降低，可保护加热炉的受热体表面（延长加热炉受热体的使用寿命）具有附着性强、发射率高、导热系数高、防结垢、耐磨、抗冲刷的特性。

（三）适用范围

由于施工设备和作业空间的限制，该技术不适合于 300 kW 以下的加热炉节能改造。广泛适用于 400 kW（含）以上的燃气、燃油、燃煤的加热炉、锅炉改造，同样适用于电加热炉、电锅炉的定向吸热节能技术改造。该材料喷涂时环境温度不能低于 0℃，喷涂完要启炉，以每小时 100℃梯形升温至 600℃，使材料烧结形成致密陶壳体。锅炉维修时，可能会破坏材料表面，需及时修补。

（四）应用案例

长庆油田：2016 年，在王窑、候南、招安、候市、吴堡 5 个作业区，共实施加热炉定向吸热节能改造 14 台，经长庆油田环境与节能监测评价中心检测，一年节约天然气 15.12×10^4 m^3，投资 4.8 万元/台，投资回收期经测算为 1 年。

辽河油田：2015 年，在曙光采油厂热注一区 59# 注汽锅炉进行了耐高温纳米复合材料喷涂，经油田节能监测中心检测，59# 炉燃气节能率为 2.42%，燃油节能率为 5.21%。目前，应用 3 年，未发现涂层脱落、结焦、结垢现象，炉管表面上有少量浮灰，轻轻擦拭可见涂层。燃气单耗由 70.54 m^3/t 下降到 68.28 m^3/t；燃油单耗由 60.21 kg/t 下降到 58.68 kg/t，年可节气 10.4×10^4 m^3，节油 34.5 t，节约成本 30 万元。

六、反烧式井场加热炉

井场加热炉数量大，常规的井场加热炉结构简单、容量小，平均热功率为

0.1 MW左右，设计炉效在60%～80%之间，运行炉效为40%～60%。排烟温度高、热效率低。

（一）技术原理

加热炉燃烧器位于加热炉底部，燃烧产生的高温烟气通过辐射段进入对流段，在对流段内横向冲刷斜烟管和热管，进行放热。烟气通过回燃室进入烟管，向下纵向冲刷烟管壁面放出热量，最后汇集到汇烟箱，经过烟囱排出。所有热量通过中间热媒水间接加热螺旋形盘管内的被加热介质。图4-26为反烧式井场加热炉工作流程示意图。

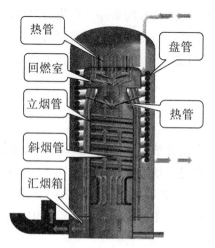

图4-26 反烧式井场加热炉工作流程示意图

反烧式井场加热炉通过设置斜烟管、超导热管和立烟管三个对流传热流程，不仅增大了对流传热的传热面积，也进一步提高了对流传热的传热速率。

（1）采用反烧技术。烟气对流段采用烟气横向冲刷斜烟管和烟气向下纵向冲刷立烟管的反烧式结构。采用这种结构，不仅增大了火筒对流段的换热面积，提高了对流段的换热量，而且火筒结构紧凑，外形尺寸较小。

（2）回燃室热管辅助传热结构。在火筒的回燃室上安装超导热管，根据回燃室尺寸及形状特点，设计"同心圆交错热管群"，使得烟气在回燃室内横向冲刷热管，利用热管的等温性、小温差性和高传热性，提高烟气在回燃室中的传热速率，增加烟气的传热量，降低烟气排烟温度，提高加热炉的热效率。

（3）底部采用双筒支撑结构。加热炉底部采用火筒和炉壳同心圆双筒支撑结构，炉体下部封头采用平封头结构，有利于缩短炉体整体高度，增加汇烟箱的体积，减小烟气流动阻力，而且有利于汇烟箱内清理积灰。

（4）采用"裙式"火筒结构。采用"裙式"火筒结构，不仅有利于烟气在烟管内的分布均匀，使加热炉内的温度场分布比较均匀，而且使火筒结构紧凑，有利于减小加热炉的尺寸。

（二）技术特点

井场加热炉热效率高、占地面积小，设计效率可达到90.56％，突破了井场加热炉炉效普遍偏低的瓶颈。

（三）适用范围

适用于油田采油单井加热及井场多井平台集输加热，全自动燃气燃烧器对井场的燃料气品质要求不高，但受井口产出液量的影响，达不到满负荷，尾部烟温略低，冬季运行时可能产生冷凝水从烟囱底部流出的情况，需要定期排放。

（四）应用案例

辽河油田：加热炉制造完成后，将曙光采油厂采油作业四区3－7♯站作为反烧式井场加热炉样机进行现场应用，其中用120 kW反烧式井场加热炉替代井场内原有的2台90 kW井口加热炉。加热炉安装完成，待运行状况平稳后，经中国石油天然气股份有限公司油田节能监测中心监测，加热炉运行热效率由原来的70％提高到80％。

七、分体式壳程自动清垢相变加热炉

加热炉在油田应用广泛，其热效率直接影响着能耗情况，同时，每年加热炉的损坏情况较严重，尤其是聚合物驱和三元复合驱站场加热炉易结垢，每年需要进行多次清垢工作，成本高且影响正常的生产运行。根据此种情况，大庆油田研究出利用蒸汽加热介质的分体式壳程自动清垢相变加热炉，在减少加热炉损坏情况的同时，也简化了生产流程，保证了生产的正常运行。

（一）技术原理

利用清水做热媒，采取相变换热方式。加热炉采取分体式结构，本体采取卧式结构，燃料燃烧释放的热量通过烟火管壁传递给热媒，热媒受热后温度升高至沸点气化成气相后由连通管进入加热炉换热体。换热体同样采取卧式管壳式结构，热媒为水蒸气，走管程，被加热介质走壳程，热媒把热量传递给被加热介质后冷凝成液相返回加热炉本体再一次被加热成气相，如此往复循环。因为被加热介质容易在管外壁结垢，故在线机械除垢装置设置于管外被加热介质侧，实现在线清淤除垢，保证加热炉的长期高效运行。图 4-27 为分体式壳程自动清垢相变加热炉原理示意图。

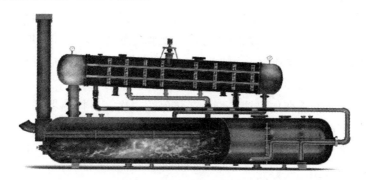

图 4-27　分体式壳程自动清垢相变加热炉原理示意图

（二）技术特点

加热炉本体炉体内的被加热介质是在密闭的环境内工作的，在正压状态下运行，载热体（水）循环使用，日常无须补水，在每年例行停炉时补水即可。正因补水周期长，炉体内水质较为稳定，无须经常排污。另外，炉体内的载热体（水）是在无氧状态下工作的，因此不会因矿物质随水带入炉内而发生结垢、过烧和鼓包等现象，不会产生氧腐蚀，安全性能良好。

（三）适用范围

适用于站场泵前加热系统，尤其是被加热介质洁净度差的生产场合。

（四）应用案例

大庆油田：在采油一厂等应用 36 台。以采油一厂三元中 515 转油放水站为例，2.5 MW 加热缓冲装置（收油）设备费用为 132 万元，2.5 MW 分体式壳程自动清垢相变加热炉（收油）设备费用为 146 万元，设备费用增加 14 万元。

耗电费用增加：分体式壳程自动清垢相变加热炉采用的微正压燃烧器电动机功率为 5.5 kW，驱动机构采用的电动机功率为 1.1 kW，普通加热缓冲装置用电 1.0 kW，用电费用增加 1.3 万元（工业用电以 0.65 元/千瓦时计）。

节气效益：根据大庆油田年耗气量 14×10^8 m³、在用加热炉总功率

4648.51 MW 折算，单位功率（1 MW）加热炉年耗气 30.12×10⁴ m³。因此，加热炉的运行热效率由提效前的 79.2% 提高到 88.31%，单位功率年节气 3.46×10⁴ m³，2.5 MW 分体式壳程自动清垢相变加热炉年节气 8.65×10⁴ m³，年节约天然气费用约 10.52 万元（天然气以 1.21561 元/立方米计）。

节约维护修理费：普通加热炉在聚驱、高浓度聚驱、三元复合驱区块的使用情况较差，以采油一厂三元中 105 转油放水站为例，每台加热炉每年都要局部维修 2 次以上，每次维修费用为 8.63 万元；每 2 年需要对设备的烟火管进行大修，大修费用为 40.1 万元；折合年维护修理费约为 37.31 万元。应用分体式壳程自动清垢相变加热炉，可每 2 年停炉一次，对换热器进行例行检查、清垢和更换易损件，大概需要费用 9.5 万元，折合年维护修理费约为 4.75 万元。同时，采用正压燃烧器以及驱动机构，用电费用增加 1.3 万元。因此，年节约维护修理费 31.26 万元。

合计年节约费用 40.48 万元，静态回收期约为 0.35 年。

八、盘管式自动清垢相变加热炉

加热炉是油田生产重要的耗能设备，针对化学驱地面集输系统加热炉火管易烧损、无法长期高效运行的问题，大庆油田创新研制了盘管式自动清垢相变加热炉。

（一）技术原理

以天然气为燃料，使炉内软化水沸腾汽化，形成的蒸汽与盘管内的被加热介质进行冷凝相变换热，冷凝后的蒸汽由气态变为液态的水，在重力作用下回落，往复循环换热，完成对被加热介质的加热。

加热炉采取单体结构，被加热介质在换热盘管内流动，为了保证介质携带的泥沙等杂质不会淤积附着在换热管内壁、换热管内壁不结垢。

在线除垢装置安于加热炉盘管管线进出口，与工艺管线形成闭合回路，清管球的运动仅靠工艺管线内介质的压力，除垢过程不影响加热炉的正常生产运行。

机构进出口均为主管与旁通管的结构，主管与旁通管的开闭由电动阀门控制，清管球从机构的进口侧发出，在盘管内完成内壁除垢后到达机构的出口侧，如此完成一次工作过程。需根据介质特性和结垢速度确定除垢的时间和频率。

该技术通过转筒及其控制机构实现发球、收球以及清管球在换热盘管进出口处流畅、准确的转换，转筒的旋转是靠伺服电动机来实现的。伺服电动机具有可刹车、可调整速度、电流电压高低报警、过载保护和位置记忆等特点，也具有控制精度高、抗过载能力强、低速运行平稳和发热少、噪音低的特点。图 4-28 为盘管式自动清垢相变加热炉结构示意图。

图 4-28　盘管式自动清垢相变加热炉结构示意图

（二）技术特点

（1）相变换热，换热面两侧温差小，不易结垢。

（2）正压相变换热，比真空相变换热更能满足生产需求。

（3）可替代泵后加热炉或高压力等级加热炉。

（4）通球结构全封闭，且可实现清管球循环通过。

（5）被加热介质成分复杂、易淤积时，可实现在线机械盘管内壁清淤除垢，运行简单、便捷。

（三）适用范围

适用于站场泵后加热系统，尤其是被加热介质洁净度差的生产场合。

（四）应用案例

大庆油田：盘管式自动清垢相变加热炉，在采油三厂等应用 5 台。以采油三厂北六联为例，1.5 MW 常规真空相变加热炉设备费用为 51.2 万元，1.5 MW 盘管式自动清垢相变加热炉设备费用为 92.6 万元，设备费用增加 41.4 万元。

耗电费用增加：盘管式自动清垢相变加热炉采用的电动机功率为 1.5 kW，用电费用增加 0.35 万元（工业用电以 0.65 元/千瓦时计）。

节气效益：根据大庆油田年耗气量 14×10^8 m³、在用加热炉总功率

4648.51 MW 折算，单位功率（1 MW）加热炉年耗气 30.12×10^4 m^3。因此，加热炉的运行热效率由提效前的 79.2% 提高到 88.31%，单位功率年节气 3.46×10^4 m^3，1.5 MW 盘管式自动清垢相变加热炉年节气 5.19×10^4 m^3，年节省天然气费用约 6.31 万元（天然气以 1.21561 元/立方米计）。

节约维护修理费：普通真空加热炉在油田聚驱、高浓度聚驱、三元复合驱区块的使用情况较差，以采油一厂某三元站为例，最严重时运行 15 天炉效便下降到无法满足生产。采油厂每年需要对换热盘管修理维护 2 次以上，费用约为每年 36 万元。研发的盘管式自动清垢相变加热炉，可每 2 年停炉一次，对加热炉进行例行检查、清垢和更换易损件，大概需要费用 6 万元，折合年维护修理费约为 6 万元。因此，年节约维护修理费 30 万元。

合计年节约费用 35.96 万元，静态回收期约为 1.15 年。

九、冷凝式加热炉

常规的加热炉烟气回收技术一般只能将排烟温度降低至 120℃ 以上，烟气中还有大量气化潜热未能被充分利用。冷凝式加热炉能将排烟温度降低至水露点以下，大大提高了加热炉的热效率。

（一）技术原理

将冷凝技术应用于加热炉尾部受热面，形成冷凝换热，通过合理的结构布置，在回收烟气中部分显热的同时回收烟气中水蒸气的汽化潜热，用于加热被加热介质和空气，排烟温度由通常的露点温度以上 20℃～30℃ 降为 40℃～60℃，进一步提高了加热炉系统整体的热效率。图 4-29 为冷凝式加热炉结构示意图。

图 4-29 冷凝式加热炉结构示意图

（二）技术特点

（1）运行热效率可达 95％，显著节约了燃气，降低了运行成本。

（2）安全可靠，寿命长久，节能环保。

（3）炉体受热面不结垢，不会发生过热损坏。

（4）烟气冷凝换热器具有良好的耐低温烟气露点腐蚀能力，使用寿命长。

（三）适用范围

需要收集产生的冷凝水，适用于联合站等能进行冷凝水收集的场所；功率越大经济性越好。

（四）应用效果

华北油田和冀东油田：应用此新炉型后，加热炉测试运行效率均超过 95％，运行高效，节能环保，经济效益和社会效益都很显著。冀东机械制造厂生产的 2.5 MW 冷凝式加热炉样机价格为 95 万元，对比传统原油真空加热炉，一次投资增加 30 万元。

以加热炉耗气量为 263 m³/h 的 2.5 MW 加热炉为例，设计热效率为 96.53％，2.5 MW 加热炉样机运行热效率达 95.83％，按照运行热效率提升 8％、年运行 300 天、满负荷计，年节约燃气 17.25×10^4 m³，节约燃气费用按市价计共 20.97 万元（天然气以 1.21561 元/立方米计），静态回收期约为 1.43 年。

十、注汽管线保温技术

新疆油田稠油热采注汽管道的保温早期采用的是单层瓦结构：一般为珍珠岩瓦、岩棉管壳、微孔硅酸钙，采用镀锌铁皮作为外保护层，保温厚度为 100~130 mm。因瓦间缝隙大，热漏大，按照《设备及管道绝热技术通则》（GB/T 4272—2008），热漏大于 167 W/m² 的注汽管道需进行改造。

2003 年以后，注汽管道保温采用双层瓦保温结构（单瓦厚 80 mm），保温材料采用硬质复合硅酸盐瓦。由于双层瓦保温结构与单层瓦保温结构相比，保温层达到了经济保温厚度，且施工时采取内外保温瓦错缝安装，瓦与瓦之间填充橡胶石棉垫进行密封，减少了瓦间缝隙造成的散热损失，但仍然存在较大的热漏现象。

（一）技术原理

该注汽管线保温技术采用多层复合保温结构，选用复合硅酸盐毡＋纳米气凝毯作为主体保温材料，复合铝箔作热反射层，外包橡塑发泡材料。在保温材料的选择和保温工艺上，能最大限度确保保温结构的完整性和密封性，有效隔绝热能传递；同时，对弯头、三通等异型件保温的薄弱环节也有较好的适应性。

复合硅酸盐毡为由高温发泡而成的柔性保温材料，具有良好的弹性、耐温性（800℃），导热系数低 [0.044 W/(m·K)]，适应性强；纳米气凝毯是一种轻质二氧化硅非晶态材料，导热系数小于 0.035 W/(m·K)，温度范围为 −200℃～650℃，具有"透气不透水"的特性，憎水性好，阻燃性能优良，质地柔软，弹性好。复合铝箔反射膜具有良好的热反射能力（热反射率为98％）和密封性。图 4−30 为纳米气凝毯复合反射式保温结构示意图。

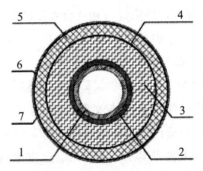

1—管道；2—纳米气凝毯；3—硅酸盐棉毡；4—复合铝箔反射膜；
5—橡塑；6—玻璃丝布；7—镀锌铁皮

图 4−30　纳米气凝毯复合反射式保温结构示意图

（二）技术特点

采用纳米气凝毯复合反射式保温结构，在保温材料的选择和保温工艺上能最大限度确保保温结构的完整性和密封性，有效隔绝热能传递；同时对弯头、三通等异型件保温的薄弱环节也有较好的适应性。

（三）适用范围

适用于在用蒸汽管道保温材料改造，应用于高温管道更有优越性。

（四）应用案例

新疆油田：2017 年，在重油 9 区 19 号注汽站开展了新型保温结构试验，试验段总长度约为 400 m，试验段和参考段两种保温结构长度各约为 200 m。为减少注汽管线温降的影响，两种保温结构交替施工。施工完毕后，委托西北油田节能监测中心对效果进行检测，结果表明，介质平均温度为 289.7℃时，试验的复合硅酸盐毡＋纳米气凝毯结构的表面散热损失为 49 W/m²，线散热损失为 60.9 W/m，复合硅酸盐管壳结构的表面散热损失为 37.9 W/m²，线散热损失为 73.5 W/m，均达到要求。目前，新疆油田应用复合反射式高效保温技术累计改造注汽管网 13 km，实现节约天然气 155×10^4 m³，节能效益为 178 万元。改造投资 43 万元/千米，投资回收期为 3.1 年。

第五章　节能实践探索

近年来，为缓解能源短缺、保障能源安全，习近平总书记提出稳油增气、提质增效的要求，同时国家也加强了能耗总量和强度的"双控"管理。随着油气生产规模的扩大及非常规油气资源的开发，能耗总量和单耗指标控制难度明显增大。为进一步支持油气增长的形势，油气田节能将持续完善"源头管控—过程监控—末端治理"的全过程能源管理方式，融合系统能量优化思想，依托节能新工艺、新技术，加快革命性节能技术培育，积极推进立体节能，提高全过程能源利用效率，持续支持上游业务低能耗运行和高质量发展。

第一节　国内外节能发展形势

一、国外发展形势

由于全球增暖将导致地球气候系统的深刻变化，使人类与生态环境系统之间业已建立起来的相互适应关系受到显著影响和扰动，因此全球气候变化问题得到各国政府与公众的极大关注。全球气候变化问题，不仅是科学问题、环境问题，而且是能源问题、经济问题和政治问题。

《巴黎协定》已于 2016 年 11 月 4 日正式生效，是继 1992 年《联合国气候变化框架公约》、1997 年《京都议定书》之后，人类历史上应对气候变化的第三个里程碑式的国际法律文本，开启了全球气候治理新阶段；世界各国应对气候变化的认识与行动逐步达成共识，避免过去几十年严重依赖石化产品的增长模式对自然生态系统的威胁，通过市场和非市场双重手段，推动所有缔约方共同履行减排贡献，成为推动各国和各行业绿色低碳发展的新动力。

根据国际能源署的能源技术展望，未来实现节能减排的主要措施有：

提高终端使用效率——提高终端用能行业（建筑、工业和交通等）燃料和电力的利用效率以实现减排（可减排 40%）；

可再生能源——应用于所有行业（电力、能源转换和终端用能行业）（可减排 35%）；

碳捕集和封存（CCS）——在发电、能源转换和工业中利用 CCS 减排（可减排 14%）；

核电——增加电力部门核能利用进行减排（可减排 6%）；

终端使用燃料转换——通过改变终端用能行业燃料结构，转向低碳燃料（不包括可再生能源类别下作为燃料转换的可再生能源）实现减排（可减排 5%）。

国际石油公司的主要做法：

壳牌公司收购英国天然气集团（BG），持续投资碳捕获、利用与封存（CCUS）、生物燃料、风电、太阳能发电等新技术和项目；总部成立碳策略部，将应对气候变化纳入企业战略，采用碳价格曲线评估所有新开发油气项目，CO_2 内部评估价格为 40 美元/吨；参与美国环保署主导的"天然气之星"项目，利用泄漏检测和修复技术减少甲烷排放。2017 年 11 月，壳牌公司在投资者会议上提出将在 2035 年之前使其产品的碳排放量减少 20%，在 2050 年之前减少一半，承诺到 2020 年每年投资 20 亿美元在可再生能源和低碳能源技术领域。2018 年 4 月，壳牌发布了《能源转型报告》，阐述了对能源转型的理解，分析了公司能够适应能源转型的原因，以及实现绿色低碳发展的战略举措。

英国石油公司加快天然气业务，投资燃料乙醇、风力发电、CCUS；总部建立应对气候变化联席会议机制；签署了世界银行主导的"2030 零空燃倡议"，努力减少甲烷排放；通过合作、投资和直接研究来提高燃料产品应用效率。2018 年 4 月，发布了《全力推进能源转型报告》，采取降低生产运营中的排放、优化产品以协助客户减少排放、开拓低碳业务等行动，计划至 2025 年将其在生产运营过程中产生的温室气体排放量保持或低于 2015 年水平，减少温室气体排放 350 万吨二氧化碳当量，在石油和天然气生产运营过程中的甲烷逸出比例控制在 0.2%。

道达尔公司逐步退出煤炭业务，削减油砂业务股份；投资太阳能和电池制造，保持在太阳能产业前三位，业务覆盖光电池全产业链；CCUS 研发经费占总科研经费的 10% 以上；总部成立战略与气候部，确保公司战略与全球应对气候变化相一致；对天然气和可再生能源业务进行了整合，成立了天然气、可再生能源及电力部。道达尔公司 2016 年、2017 年连续两年发布《将气候变化融入企业发展战略报告》：到 2035 年，天然气在其油气组合中的比例将由 46% 提高至 60%，可再生能源业务收入比例由目前的 9% 提高至 20%；2016

年至 2020 年，每年提高公司生产运行的能效水平 1%。

埃克森美孚公司认为，应对气候变化的关键在于加大研发投入，寻找全面且可扩展的新方案，其应对气候变化的原则是：科学的规划和投资、资金支持、高效可靠的运营和技术研发。埃克森美孚中长期低碳技术的研发重点有两方面：一是能源生产，包括第二代生物燃料、碳捕获和储存、太阳能等；二是消费者能源利用，包括先进的运输技术、能源储存、交通工具用氢能、先进的发动机和燃料系统技术。

二、国内发展形势

中国是全球生态文明建设的重要参与者、贡献者、引领者。按照共同但有区别的责任原则和公平原则，控制碳排放，深度参与全球气候治理，为应对全球气候变化作出贡献，是我国的主动选择。中国确定了 2030 年左右碳排放达峰，这既是我国对国际社会作出的庄严承诺，也是在国内发挥目标引领、倒逼绿色低碳转型的战略举措。

一方面，积极应对全球气候变化对于维护我国经济、能源、生态、粮食等安全，以及深度参与全球治理至关重要；另一方面，顺应绿色低碳发展国际潮流，强化低碳引领能源革命，有效控制温室气体排放，对于我国推动能源革命和产业革命，推动供给侧结构性改革和消费端转型具有重要意义。

我国已经发布了《"十三五"控制温室气体排放工作方案》《能源发展"十三五"规划》《可再生能源发展"十三五"规划》等，明确了"十三五"期间应对气候变化和能源行业的主要政策，主要有：

（1）加强能源碳排放指标控制。实施能源消费总量和强度双控，基本形成以低碳能源满足新增能源需求的能源发展格局。到 2020 年，能源消费总量控制在 50 亿吨标准煤以内，单位国内生产总值能源消费比 2015 年下降 15%，单位国内生产总值二氧化碳排放比 2015 年下降 18%。支持优化开发区域碳排放率先达到峰值，力争部分重化工业 2020 年左右实现率先达峰，能源体系、产业体系和消费领域低碳转型取得积极成效。

（2）大力推进能源节约。推动工业等重点领域节能降耗。健全节能标准体系，加强能源计量监管和服务，实施能效领跑者引领行动。推行合同能源管理，推动节能服务产业健康发展。到 2020 年，单位国内生产总值能耗比 2015 年下降 15%，煤电平均供电煤耗下降到每千瓦时 310 克标准煤以下，电网线损率控制在 6.5% 以内。

（3）加快发展非化石能源。积极有序推进水电开发，安全高效发展核电，稳步发展风电,加快发展太阳能发电,积极发展地热能、生物质能和海洋能。加强智慧能源体系建设,推行节能低碳电力调度,提升非化石能源电力消纳能力。到 2020 年,非化石能源消费比重提高到 15% 以上,力争常规水电装机达到 3.4 亿千瓦,风电装机达到 2 亿千瓦,光伏装机达到 1 亿千瓦,核电装机达到 5800 万千瓦,在建容量达到 3000 万千瓦以上。

（4）优化利用化石能源。控制煤炭消费总量,推进天然气开发利用。到 2020 年,煤炭消费总量控制在 41 亿吨左右,天然气占能源消费总量比重提高到 10% 左右,煤炭消费比重降低到 58% 以下。加快推进居民采暖、工业窑炉、采暖锅炉等"煤替代""煤改气",以及天然气替代交通燃油;积极发展天然气发电和分布式能源;在油气开采行业开展碳捕集、利用和封存的规模化产业示范;加强放空天然气和油田伴生气回收利用。

（5）控制工业领域排放。2020 年单位工业增加值二氧化碳排放量比 2015 年下降 22%,工业领域二氧化碳排放总量趋于稳定,钢铁、建材等重点行业二氧化碳排放总量得到有效控制。积极推广低碳新工艺、新技术,加强企业能源和碳排放管理体系建设,强化企业碳排放管理,主要高耗能产品单位产品碳排放达到国际先进水平。实施低碳标杆引领计划,推动重点行业企业开展碳排放对标活动。积极控制工业过程温室气体排放,制定实施控制氢氟碳化物排放行动方案。推进工业领域碳捕集、利用和封存试点示范,并做好环境风险评价。

（6）加强应对气候变化基础能力建设。一是完善应对气候变化法律法规和标准体系。推动制定应对气候变化法,适时修订完善应对气候变化相关政策法规。研究制定重点行业、重点产品温室气体排放核算标准、建筑低碳运行标准、碳捕集利用与封存标准等,完善低碳产品标准、标识和认证制度。加强节能监察,强化能效标准实施,促进能效提升和碳减排。二是加强温室气体排放统计与核算。强化能源、工业、农业、林业、废弃物处理等相关统计。实行重点企（事）业单位温室气体排放数据报告制度。推动重点排放单位健全能源消费和温室气体排放台账记录。三是建立温室气体排放信息披露制度。鼓励企业主动公开温室气体排放信息,国有企业、上市公司、纳入碳排放权交易市场的企业要率先公布温室气体排放信息和控排行动措施。

（7）推动建设碳排放权交易市场。2017 年 12 月,我国全国碳市场已经正式启动。正在制定《应对气候变化法》《全国碳排放权交易管理办法（试行）》及有关实施细则。将逐步建立碳排放权交易市场国家和地方两级管理体制,各地区、各部门和中央企业集团根据职责制定具体工作实施方案,明确责任目标，落实专项资金，建立专职工作队伍，完善工作体系。

（8）创新区域低碳发展试点示范。选择条件成熟的限制开发区域和禁止开发区域、生态功能区、工矿区、城镇等开展近零碳排放区示范工程，到 2020 年建设 50 个示范项目。深化国家低碳工业园区试点，将试点扩大到 80 个园区，组织创建 20 个国家低碳产业示范园区。

三、石油行业发展趋势

应对气候变化给我国油气行业带来了挑战。我国采取了调整产业结构、优化能源结构、发展非化石能源等措施，并逐步出台限制高碳排放能源生产和使用的政策，启动建设全国碳排放权交易市场。在油气供需过剩、油气价格持续走低的大背景下，油气行业面临温室气体减排和低油价下生产经营的双重压力，对传统生产、销售和利润产生了重大影响，倒逼石油行业转型升级。另外，也给石油行业带来了新的发展机遇，清天然气业务的快速增长，清洁能源、生物燃料、地热、氢能等新能源以及碳捕集、利用与封存（CCUS）等新产业发展壮大，将助力企业的转型发展。

传统的油气生产业务将会面临较大的节能减排压力，由于产量递减、含水升高等油田开发过程中不可避免的问题，以及资源劣质化加剧、效益开发难度加大等不利因素，导致能耗总量控制难度增大，单位能耗指标下降困难；页岩气、致密油等非常规油田开发难度大，开发成本及能耗较常规油气田高。

第二节　节能技术展望

不断严峻的节能减排形势，给油气田节能发展提出了更搞得要求。由于传统节能技术的局限性，节能挖潜难度越来越大，需要不断在新工艺、新设备、新材料上加强创新和应用，需要更加注重地上地下的整体用能优化，并积极利用大数据和信息化手段，加强节能管理和油田信息化建设，充分利用丰富的新能源及余能资源，才能持续支持油气田业务节能减排和高质量发展。

一、新工艺、新设备、新材料

(一)井下分离工艺

该技术采用机械或自然方法将产出液（气）在地层或井筒中分离后使烃类流到地面上，水直接回到或泵入地下注水层。与污水产出再回注相比，具有显著减少地面产出水量、污水升举、处理、排污及有关环保费用，增加油产量等优越性。

井下油水分离技术（DOWS）自 1990 年至今，已经进行了长期的试验和现场应用，但由于部分技术瓶颈，目前还没有得到成熟稳定的大规模推广。井下分离装置主要有以下三种分离方式。

（1）油藏重力分离。该装置的关键是强化和维持油层的自然重力分离作用。正常情况下水平的油水界面，随着生产的进行会发生倾斜，并逐渐形成"水锥"。当"水锥"顶点遇到生产套管射孔时，油井产出水量会大量增加。利用套管双射孔，能使产出水和油分别从该油水界面下侧（以便于注到另外的地层）或上侧产出，以维持油水界面的水平状态而避免出现"水锥"。

（2）井筒套管重力分离。图 5-1 为井下油水分离技术基本原理图，其利用套管中油和水的密度差异产生的分层效果进行分离。上阀门位于套管内的油水界面以上，因此在举升循环中，活塞下移时可以将位于界面上的富油组分抽入分离泵中，并在活塞上移时将富油组分提升至地面。而下阀门位于油水界面以下，因此在注水循环中，活塞上移时可以将富水组分抽入分离泵中，并在活塞下移时通过注水阀将水排至注水区。

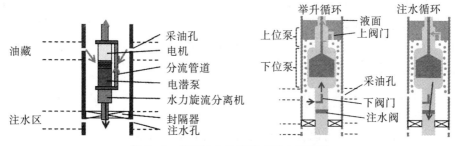

图 5-1　井下油水分离技术基本原理图

（3）液液旋流分离。该装置由液液旋流分离器和电潜泵组成，利用离心力的作用进行分离，处理量是重力油水分离器的 10 倍，但一次投资高。

图 5-2 为井下油水分离技术基本原理图，油水混合物从油藏中经采油孔

进入套管，进入输油泵后压力增加，进入水力旋流分离机进行分离处理；富油组分经过分流管道和采油管抽取至地面，而富水组分利用封隔器通过注水孔回注到专门的注水区。

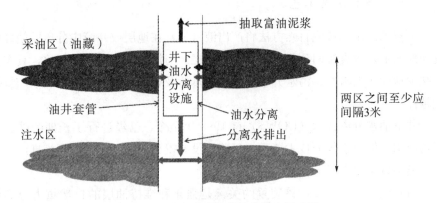

图 5－2　井下油水分离技术基本原理图

根据美国国家能源局和阿尔贡国家实验室对近 40 套装置的试验调研，水力旋流分离装置的成本从 $9×10^4$ 美元到 $25×10^4$ 美元不等，处理能力可达每天 $50～500\ m^3$，采油效果提升明显。而重力分离技术的投资相对较低，约 $1.5×10^4$ 美元至 $2.5×10^4$ 美元，处理能力为每天 $30～140\ m^3$，采油效果提升幅度相对较小，油水分离效果也远小于水力旋流分离。

这两种分离方案均对现场作业环境有严格的要求，因而显著制约了井下油水分离技术的应用。除了对设备的基本要求外，需要油藏附近具备合适的注水区，注水区应与采油区完全隔离，采出水的物性应与注水区的地质条件实现较好的匹配度。由于会增加额外设备，此对井下机械结构的强度要求较高，技术实施条件比较苛刻，目前还没有大范围推广。

大庆油田研制的多杯等流型井下油水分离器同井注采工艺，现场试验了 10 口油井，平均产液量由 $103\ m^3/d$ 下降到 $32.5\ m^3/d$，水油比由 20.23 降为 6.89，效果明显。

（二）一体化集成装置

一体化集成装置可以有效降低建设造价和运行成本。

（1）油气混输一体化集成装置。油气混输一体化集成装置将增压站中的过滤器、分离缓冲罐、加热炉、气液分离器、外输泵等多个生产设备一体化集成，组合成撬，并配套智能控制系统，具有过滤、加热、分离、缓冲、增压等功能，能实现远程终端控制、现场无人值守，满足数字化管理要求。该装置可替代低渗透油田的小型油气集输站场。该装置平均减少占地面积60%，缩短建设周期50%，降低工程投资20%以上。

（2）油气同步回转混输一体化集成装置。油气同步回转混输一体化集成装置由同步回转油气混输泵、排气缓冲罐、过滤器、防盗箱体等组合成撬，具有体积小、安装便捷、易损件少、操作简单、维护方便等特点，可实现过滤、气体计量、油气混输等功能，满足全密闭集输的需要，适用于井场或小型站场油气混输，实现井组—联合站的一级布站。该装置实现了一级布站和油气混输，油气密闭率达100%。

（3）原油接转一体化集成装置。原油接转一体化集成装置由加热炉、分离缓冲罐、输油泵、流量计、电动阀等组合成撬，具有过滤、加热、缓冲、分离、增压、计量等功能，并配套智能控制系统，能实现流程智能切换、差压自动报警、变频连续输油、泵体监测保护等数字化管理要求。装置采用整体设计、工厂预制、分体运输、现场拼接的方式，满足不同规模站场的功能需求，可替代油田常规接转站。该装置可节约占地面积59%，缩短建设周期75%，降低工程投资25%。

（4）油气水三相分离一体化集成装置。油气水三相分离一体化集成装置由加热炉、三相分离器、输油泵、流量计、电动阀等组合成撬，具有过滤、加热、缓冲、油气水三相分离、净化油增压、计量等功能，并配套智能控制系统，能实现流程智能切换、差压自动报警、变频连续输油、连锁自动排水、泵体监测保护等数字化管理要求。装置采用整体设计、工厂预制、分体运输、现场拼接的方式，满足不同规模站场的功能需求，可替代油田常规脱水站的脱水单元。该装置可节约占地面积45%，缩短建设周期75%，降低工程投资20%。

（5）天然气集气一体化集成装置。天然气集气一体化集成装置将集气站中的气液分离器、分液罐、闪蒸罐、自用气分离器、清管阀等一体化集成，组合成撬，并配套智能控制系统等，具有紧急截断、远程放空、气液分离、外输计量、自用气供给、采出液闪蒸、自动排液等功能，可实现远程操作、动态监测、智能报警，满足气田数字化管理要求。装置适用于中低压、非酸性集气站场，可替代常规非增压集气站，是气田地面系统优化简化的核心设备。该装置平均减少站场占地面积35%，缩短设计周期30%，缩短施工周期35%，减少现场安装工程量80%。

（6）天然气三甘醇脱水一体化集成装置。天然气三甘醇脱水一体化集成装置采用甘醇化合物吸收法脱水工艺，集成三甘醇吸水、甘醇溶液再生、加热精馏、闪蒸、循环、换热等功能，适用于天然气、煤层气、伴生气、煤制气、合成气等介质，可替代集输场站、处理厂、储气库、净化厂等厂站的脱水单元。该装置可节约投资 40%。

（7）采出水处理一体化集成装置。采出水处理一体化集成装置采用气浮、微生物除油、浅层流化床过滤、紫外线杀菌等工艺，将冷却塔、生化反应池、高效斜板沉淀池、水箱、浅层介质过滤器、紫外线杀菌器、溶气泵、加压泵等设备一体化集成，组合成撬，并配套智能控制系统，可实现采出水处理不投加絮凝剂，具有污泥量少、运行费用低、生产管理方便等优点，可替代油田小规模采出水处理站场。该装置平均减少占地面积 50%，缩短建设周期 50%，降低投资 20%，具有良好的推广应用前景。

（三）非常规油气节能技术

（1）煤层气智能抽采与联动装置监控系统。煤层气智能抽采与联动装置将整个控制系统分为信号采集层、控制层、管理层、执行层。在整个控制系统中，以 PLC 控制装置为控制中心，以防爆计算机为监控硬件平台，将信号采集、逻辑控制功能、故障报警、智能调节、人机交互融合在一起，构成一个功能强大、结构紧凑的智能化监控系统平台，配以监控软件，实现煤层气智能化抽采。同时，当监测参数达到临界值，可能出现意外或者事故时，报警并启动相关的安全装置，以达到系统安全运行的目的。

（2）煤层气膜分离净化技术。煤层气的有效成分为甲烷，当气体的甲烷浓度达到 30% 以上时可考虑作为燃料使用，甲烷浓度达 90% 以上时可作化工原料。矿井抽采出的煤层气甲烷浓度一般较低，常含有氮气、二氧化碳、氧气等杂质气体，必须经过净化处理方可作为化工原料。

膜分离技术是利用在压力下气体中的各个组分通过半透膜的相对传递速率不同而进行分离的。膜分离技术由于具有常温操作、无相态变化、高效节能、无污染等优点，广泛应用于各个领域。气体透过膜的难易程度由气体的溶解系数和扩散系数决定，膜材料、膜孔径是选取膜时的主要参数。由于煤层气中除了甲烷几乎不含其他烃类，因此尤其适合采用膜分离技术对其进行净化处理。

（3）页岩气压裂返排液处理技术。美国页岩气开发技术处于全球领先，其压裂返排液的处置主要包括深井灌注、市政污水处理厂处理后外排和现场处理后回用。Marcellue 页岩区压裂返排液回用比例从 2008 年的不到 10% 上升到 2011 年的 70% 以上，该区的主要油气开发公司如 Range Resources、Anadarko、Atlas Energy 和 Chesapeake Energy 等均以全部回用为目标。

返排液处理回用技术取决于返排液水质、水量特点和压裂液配液水质要求。Halldorson 总结了该技术在 Marcellue 页岩区的实践情况，在井场现场处理回用的情况下，一般需去除总悬浮颗粒，建议以化学沉淀去除总钡含量和总锶含量，然后与清水混合稀释配液即可满足压裂作业要求。目前，商业化比较成熟的技术装置有哈里伯顿公司开发的移动式 Clean Wave 水处理系统，其采用的是水质调节—电絮凝工艺—精细过滤等工艺流程，处理流量可达 4 m³/min，可去除 99％的总悬浮固体和 99％的总铁，适应总溶解固体含量在 100 ～ 300000 mg/L 的进水水质。与该公司的 CleanStream 紫外杀菌工艺设备联用，可形成页岩气压裂返排液处理回用的全套技术解决方案，已在 Haynesville 页岩区等进行了工程应用，并在其他非常规天然气领域得到了推广应用。北美的工业实践表明，废水处理技术工艺是系统成熟的，返排液处理回用的关键在于结合实际合理选择经济有效、占地面积小、可移动式、处理速度快的工艺流程和技术。

二、地上地下一体化能量系统优化

油气田开发是一个系统工程，涉及油藏工程、井网布置、采油工艺选择和地面油气集输处理工艺等多种环节。所谓"地上地下一体化"优化，即地上地下相结合，共同服从于经济效益，加强专业间的早期结合，共同进行可行性论证，共同优化方案、简化工艺，使系统布局、建设规模和选用的工艺更加合理，实现降低工程建设投资、节能降耗。

目前，国际先进的油田生产管理系统是先对油田生产过程进行建模（建立油藏、机采、油气集输、注水生产、热采、污水处理和电力系统等模型），然后通过开放模拟环境将油田生产模型集成起来，形成完整的油田生产整体模型，即虚拟油田生产系统。近年来，英国、美国和西欧等国家有多家石油公司在实施流程模拟、先进控制与过程优化项目，推动了流程工业综合优化技术在实际生产中的应用，如 Shell（壳牌）、AGIP（阿吉普）等石油企业都相继建立了综合优化系统。AGIP 石油公司提出了以数据模型为核心的工厂信息集成管理系统，信息采集从底层到上层、从供应链源头到产品客户，以生产优化模型为核心系统，连接实时数据库和关系数据库，对生产过程进行监视、控制和诊断、整体模拟和优化。Shell 石油公司的 NOGAT 油田通过应用 Aspen 生产解决方案，采用动态生产模型优化技术，对天然气热值进行预测并实施调节补偿，从而避免热值损失、减少合同罚款、优化生产、减少生产故障。

机采系统将以单井个性化设计为手段，形成地面与井下统一节能，节能配电箱、电动机、抽油机配套节能；其他单项节能技术将以管理单元为模块，结合生产体系向综合节能发展；油气田生产将形成地上地下一体化、机采、注水、油气集输等各生产系统统筹规划，大系统节能的局面。另外，在新能源领域，太阳能、风能、地热等可再生能源在生产方面的应用将被加强。

未来将以油田生产过程模拟及优化技术为统领，地下及机采、注水、油气集输等各生产系统统筹规划，向大系统节能方向发展。节能将不仅仅是单元设备、单项工艺的节能技术改造，而会更加注重各耗能系统和相互之间节能技术的完善配套，例如综合应用推广井筒高效注水、绝热保温、无杆举升、地面系统常温技术等，实现终端能效的进一步提升。

三、数字化、信息化、智能化油田建设和能源管控

在万物互联的智能化时代，大数据、人工智能、物联应用等技术的进步日新月异，并向各行业各领域渗透，推动经济社会和生产生活管理方式进一步智能化、网络化、精细化发展。

而油气田的开发随着时间推移，投入不断攀升，产出投入比越来越低，越来越需要依靠先进的智能化管理手段实现提质增效。另外，长期以来油气田勘探与开发没有很好的协同机制，加上专业领域的隔离，导致油田企业数据、信息孤岛长期存在，如何让这两个掌握油田"命脉"的专业领域的工程技术人员坐在一起，研究同一个问题，解决同一个难题，建立统一的数字油田平台，是解决这一问题的有效方法。

从长远看，进行数字化油田、智慧油田建设是油田企业的必然选择。智慧油田是在数字油田基础之上，借助业务模型和专家系统，全面感知油田动态，自动操控油田活动，预测油田变化趋势，持续优化油田管理，虚拟专家辅助油田决策，用计算机系统智能地管理油田。

其主要特征是自动化、物联化、集成化、交互化、在线化。其具体内涵：一是借助先进的信息技术（比如物联网、云计算、移动宽带和大数据）、自动化技术、传感技术和专业数学模型，建立覆盖油田各业务环节的自动处理系统、模型分析系统与专家系统；二是提升信息获取与整合能力、数据模拟与分析能力、预测和预警能力、过程自动处理能力、专家经验与知识运用能力、系统自我改进能力及持续的生产优化能力等，真正做到业务、计算机系统与人的智慧相融合，辅助油田进行科学决策、优化管理、自动执行、实时监控与一体化协作；三是实现传感网络的全面覆盖，油气井与管网设备的自动化控制，天然气全网自动平衡与智能调峰，油藏的动态模拟，单井动态分析与预测，生产

过程优化，智能完井和实时跟踪，勘探、开发地质研究专家辅助，勘探与生产的科学部署以及可视化的信息协作环境。

智慧油田的最终目的是为油田勘探开发、油气生产、经营管理提供一种全新的管理手段，通过新方法的应用，提升各方面的泛在化、可视化、智能化水平，并最终推动油田的绿色环保和可持续发展。

目前长庆油田已经实现了对 2 万多台抽油机的数字化管理，大多数油气田企业也建立了能源管控试点单元，但其能源管控水平仅能达到分析级，正在向优化级迈进，最终将达到智能级能源管控，即通过先进控制系统直接调整操作参数至优化值，实现能源管控单元的闭环管理，促进其生产全过程的能源使用科学化管理和精细化控制。

四、新能源及余能资源利用

新能源是指传统能源之外的各种能源，包括太阳能、风能、地热能、核能、氢能等，具有广阔应用前景。

地热资源主要指埋深 200 m 以内的浅层地热能和埋深 200~4000 m 的中深层地热能。地热利用主要有地热直接利用和地热发电利用：地热直接利用主要用于冬季供暖、工农业用热及洗浴、旅游、疗养。我国直接利用地热能相当于替代 2000×10^4 tce，是直接利用量排名第一的国家。但地热发电利用规模还较小。我国地热资源比较丰富，其中潜力最大的中低温地热资源集中分布在大、中型盆地之中，跟油气等其他资源处在同一地区。2013 年，中国地质调查局地热资源调查研究中心对全国大陆地区大地热流进行了调查，65℃~150℃的中高温地热资源主要富集在松辽盆地、渤海湾盆地、鄂尔多斯盆地，地热资源富集区的油田有大庆油田、辽河油田、吉林油田、华北油田、大港油田、冀东油田、长庆油田等；25℃~65℃的中低温地热资源主要富集在柴达木盆地、准格尔盆地、塔里木盆地、四川盆地，中石油探区内地热资源约占全国的 47%，具有巨大的可利用节能空间。

干热岩是指埋藏于地球深部，内部不存在或仅存在少量流体，温度高于 180℃的异常高温岩体，埋深一般大于 4000 m。干热岩储量巨大，一种面向未来的新能源，主要通过人工产生岩石裂缝形成储层，开采干热岩地热能。目前进行干热岩发电研究的有美国、日本、英国、法国、德国、俄罗斯和中国等。目前，干热岩发电尚处于理论研究和现场试验研发阶段，其商业性开发还面临技术、资金、政策和民众接受程度等诸多方面的挑战。我国正在青海省开展以压裂方式提高干热岩发电效率的开发实验。青海共和盆地进行了 7 口勘探井的施工，其中 4 口达到干热岩标准，最高的井口温度达到 236℃。

天然气生产和运输过程中存在大量余压资源，天然气从井底到井口，从井口到集气站，从集气站到天然气处理厂，以及合格商品天然气外输至用户，其中很多环节都需要经过节流调压处理，压力能未进行有效回收。对天然气余压进行回收利用，其经济和节能价值巨大。目前已有小型的压差发电技术，但大型的膨胀压差发电技术及其配套冷量综合利用有待攻关，有望在不久的将来实现规模化应用。

在国际和国家节能减排政策的影响下，我国企业将注重新能源、可再生能源的利用，重点推广光伏、地热等技术在加热系统中的应用，加强风光互补发电技术在机采系统中的应用，加强余热、余压、余冷等余能的综合利用，着力替代和减少化石能源、常规能源的使用，减少二氧化碳的排放，为建设"金山银山不如绿水青山"的"中国梦"作出贡献。

参考文献

[1] 马建国. 机械采油系统节能监测与评价方法 [M]. 北京：石油工业出版社，2014.

[2] 马建国. 油田加热炉节能监测与评价方法 [M]. 北京：石油工业出版社，2016.

[3] 马建国. 气田压缩机节能监测与评价方法 [M]. 北京：石油工业出版社，2016.

[4] 马建国. 油田泵机组节能监测与评价方法 [M]. 北京：石油工业出版社，2017.

[5] 马建国. 稠油注汽系统节能监测与评价方法 [M]. 北京：石油工业出版社，2018.

[6] 马建国. 油气田固定资产投资项目节能评估工作指南 [M]. 北京：石油工业出版社，2016.

[7] 马建国. 油气田企业能效对标 [M]. 北京：石油工业出版社，2016.

[8] 马建国. 油气田企业能源管理体系 [M]. 北京：石油工业出版社，2019.

[9] 陈由旺，余绩庆，等. 油气田节能技术发展现状与展望 [J]. 中外能源，2009，14（9）：88－93.

[10] 马建国，蒲明. 中国石油油气生产能源管理因素分析 [J]. 石油规划设计，2008，19（4）：4－6.

[11] 马建国，穆剑. 中国石油上游业务能源生产因素分析 [J]. 石油规划设计，2010，21（1）：4－5.

[12] 马建国，蒲明，等. 油气田企业能效对标方法初探 [J]. 石油规划设计，2014，25（3）：1－3.

[13] 马建国. 油气田能源管理体系实践 [J]. 石油规划设计，2018，29（3）：1－2.

[14] 马建国. 油气田能源管理态势分析 [J]. 石油规划设计，2018，29（6）：12－13.

[15] 马建国. 油气田能源管控中心建设探讨 [J]. 石油规划设计，2018，29 (1)：9—11.

[16] 郭以东，马建国，等. 油气田节能监测信息平台研究与设计 [J]. 石油 规划设计，2018，28（2）：26—31.

附　录

附录1　油气田节能监测标准

序号	标准名称	标准号
1	油田生产系统能耗测试和计算方法	GB/T 33653—2017
2	油田热采注汽系统节能监测规范	SY/T 6835—2017
3	油田生产系统节能监测规范	GB/T 31453—2015
4	节能监测报告编写规范	Q/SY 09578—2017
5	热力输送系统节能监测	GB/T 15910—2009
6	设备及管道绝热效果的测试与评价	GB/T 8174—2008
7	设备及管道绝热层表面热损失现场测定 热流计法和表面温度法	GB/T 17357—2008
8	回转动力泵　水力性能验收试验　1级、2级和3级	GB/T 3216—2016
9	三相异步电动机经济运行	GB/T 12497—2006
10	泵类及液体输送系统节能监测	GB/T 16666—2012
11	石油工业用加热炉热工测定	SY/T 6381—2016
12	油气输送管道系统节能监测规范	GB/T 34165—2017
13	空气压缩机组及供气系统节能监测	GB/T 16665—2017
14	风机机组与管网系统节能监测	GB/T 15913—2009
15	天然气输送管道系统能耗测试和计算方法	SY/T 6637—2018
16	企业供配电系统节能监测方法	GB/T 16664—1996
17	油气田电网线损率测试和计算方法	SY/T 5268—2018
18	工业锅炉热工性能试验规程	GB/T 10180—2017
19	煤中全硫的测定方法	GB/T 214—2007

序号	标准名称	标准号
20	石油产品水含量的测定　蒸馏法	GB/T 260—2016
21	煤中碳和氢的测定方法	GB/T 476—2008
22	石油产品灰分测定法	GB 508—1985
23	石油产品热值测定法	GB 384—1981
24	原油水含量的测定　蒸馏法	GB/T 8929—2006
25	原油和液体石油产品密度实验室测定法（密度计法）	GB/T 1884—2000
26	天然气取样导则	GB/T 13609—2017
27	天然气　含硫化合物的测定　第1部分：用碘量法测定硫化氢含量	GB/T 11060.1—2010
28	天然气的组成分析　气相色谱法	GB/T 13610—2014
29	企业水平衡测试通则	GB/T 12452—2008
30	油气田生产系统水平衡测试和计算方法	GB/T 31457—2015
31	石油企业用节能产品节能效果测定	SY/T 6422—2016

附录 2　最佳节能技术实践

序号	系统	技术名称
1	机采系统	塔架式长冲程抽油机
2	机采系统	一机双采式抽油机
3	机采系统	液压抽油机
4	机采系统	数字化抽油机
5	机采系统	永磁同步电动机
6	机采系统	开关磁阻电动机
7	机采系统	永磁半直驱电动机
8	机采系统	不停机间抽控制技术
9	机采系统	智能间抽控制技术
10	机采系统	丛式井组数字化集中控制技术
11	机采系统	抽油机智能控制技术
12	机采系统	直驱螺杆泵
13	机采系统	等壁厚螺杆泵
14	机采系统	潜油往复泵
15	机采系统	潜油螺杆泵
16	机采系统	隔热保温防磨油管
17	集输系统	不加热集输优化技术
18	集输系统	油气混输技术
19	集输系统	老油田地面集输工艺优化简化技术
20	集输系统	采出液预脱水处理工艺
21	集输系统	储油罐纳米隔热保温涂料技术
22	集输系统	冷却水塔余压利用
23	集输系统	余热换热回收利用技术
24	集输系统	热泵余热回收利用技术
25	集输系统	井口定压放气阀
26	集输系统	井下节流技术

序号	系统	技术名称
27	集输系统	零散放空天然气回收技术
28	集输系统	燃气压缩机适应性改造技术
29	集输系统	天然气余压发电技术
30	集输系统	太阳能辅助原油加热技术
31	集输系统	太阳能光伏发电技术
32	集输系统	空气源热泵技术
33	注水系统	注水泵变频调速技术
34	注水系统	注水泵带载启动矢量控制技术
35	注水系统	低效电动机高效再制造技术
36	热力系统	智能燃烧控制技术
37	热力系统	热管余热回收技术
38	热力系统	注汽锅炉烟气冷凝余热回收技术
39	热力系统	远红外耐高温辐射涂料技术
40	热力系统	耐高温强化吸收涂料技术
41	热力系统	反烧式井场加热炉
42	热力系统	分体式壳程自动清垢相变加热炉
43	热力系统	盘管式自动清垢相变加热炉
44	热力系统	冷凝式加热炉
45	热力系统	注汽管线保温技术